马云

情商比智商更重要

更重要

朱甫◎编著

📖 海天出版社
·深圳·

图书在版编目（CIP）数据

马云：情商比智商更重要 / 朱甫编著 . —深圳：
海天出版社，2015.2（2019.7 重印）
ISBN 978-7-5507-1196-9

Ⅰ．①马… Ⅱ．①朱… Ⅲ．①情商—通俗读物
Ⅳ．① B842.6-49

中国版本图书馆 CIP 数据核字（2014）第 228077 号

马云：情商比智商更重要
MAYUN: QINGSHANG BI ZHISHANG GENG ZHONGYAO

出 品 人	聂雄前
责任编辑	杨华妮　张绪华
责任技编	梁立新
封面设计	元明·设计

出版发行　海天出版社
地　　址　深圳市彩田南路海天综合大厦（518033）
网　　址　www.htph.com.cn
订购电话　0755-83460202（批发）　0755-83460239（邮购）
设计制作　深圳市斯迈德设计企划有限公司（0755-83144228）
印　　刷　深圳市希望印务有限公司
开　　本　787mm×1092mm　1/16
印　　张　14.5
字　　数　180 千
版　　次　2015 年 2 月第 1 版
印　　次　2019 年 7 月第 8 次
定　　价　39.00 元

前　言

　　人类在关于怎样才能成功的问题上，从来没有停止过探索的脚步。如果我们把获得更多的机会和更优势的回报作为一种成功定义的话，哈佛大学教授、著名心理学家丹尼尔·戈尔曼为这种普遍意义上的成功提出了一个极为有名的公式：成功 =20％的智商 +80％的情商。可以看出，情商才是决定一个人的未来成就及幸福的关键因素。情商，它比智商更大程度上决定着一个人的爱情、婚姻、学习、工作、人际关系以及整个事业⋯⋯

　　情商（Emotional Quotient），简称 EQ，又称情绪智力，是近年来心理学家提出的与智力和智商相对应的概念，它主要是指人在情绪、情感、意志、耐受挫折等方面的品质。爱因斯坦曾这样说过："我们应该小心谨慎，以防智力成为我们的上帝。当然，它有强健的体魄，但却没有人格。它所具有的只是服务作用，而不是领导作用。"著名心理学家霍华·嘉纳也曾经说："一个人最后在社会上占据什么位置，绝大部分取决于非智力因素。"美国 EQ 协会的宣言是："让我们再进化一次，成为智慧的上帝！"

智商决定录用，情商决定提升。成功者和卓越者并不是那些满腹经纶却不通世故的人，而是那些善于调动自己情绪的高情商者。一个人智商再高，只能决定其记忆力、理解力、思考力、逻辑分析能力优于别人，而人生在成功和幸福上却要靠自我激励、自我管理和良好的人际关系。绝大多数的大人物，都并非因为比别人更聪明，而是因为他们更努力、更坚韧、更执著、更善于应对复杂情况，也更懂得自律和自我提升，而这些都在情商的范畴。

情商是开启心智的钥匙、激发潜能的要诀，它像一面魔镜，令你时刻反省自己、调整自己、激励自己，是获得成功的力量来源。每一个成功者都是一个高情商者。从某种意义上讲，情商决定命运，情商是一个人事业成败的分水岭，它将在最大限度上决定着你能否拥有完美的人生。美国的《时代周刊》曾经宣称："如果你不懂情商，从现在起，我们宣布：你落伍了！"

哈佛大学心理学教授丹尼尔·戈尔曼表示："一个人如果不具备情感能力，缺乏自我意识，不能处理悲伤情绪，没有同理心，不知道怎样跟人和谐相处，即使再聪明，也不会有大的发展。"

然而，我们的社会中却处处可见"情商盲"——这些人可能拥有出众的容貌、傲人的学历、满腹的学问，却无法获得一个满意的工作岗位，无法达成一个小小的目标，甚至无法相信自己能够成功。他们的"病灶"在于情商缺失。

情商和智商并不是一对矛盾，但很多时候，情商和智商的博弈却无处不在。读一读三国历史，你会发现这是很有意思的事，三国不仅是诸侯争霸史，更是古人的智商与情商一拼高下的精彩戏码。

情商高手往往会给我们以生动的启示。周恩来在一次外交访问中，被外国记者挑衅说中国有很多"马路"，意思是很多马走的路。周恩来带着一贯的友好微笑，回答道："我们中国有很多马路，不过，我们走的是马克思主义道路。"智慧而幽默的一语反击，不卑不亢，智商与情商的完美统一。

情商为人们开辟了一条事业成功的新途径，它使人们摆脱了过去只讲智商所造成的无可奈何的宿命论态度。因为智商的后天可塑性是极小的。也许有人会说："没办法，我天生情商低。"如果你有此想法的话，就大错特错了。情商的后天可塑性是很高的，个人完全可以通过自身的努力成为一个情商高手，从而到达成功的彼岸。在美国等发达国家的教育体系里，情商教育已经"登堂入室"，成为少年儿童的必修课程。

丹尼尔·戈尔曼指出："如果说成绩由智商决定，那么综合素质主要取决于一个人的情商，而只有提高情商，才能很好地发挥个人的综合能力，才能创造人生的辉煌。"情商比智商在更大程度上决定着一个人的爱情、婚姻、学习、工作、人际关系以及整个事业。

提升情商，使得我们能够用有限的知识去运作无限的世界，更适合当前压力过大的生存环境，有助于我们获得阳光心态，缔造和谐快乐，享受幸福人生。情商像一面魔镜，令你时刻反省自己、调整自己、激励自己，是你人生获得成功的力量源泉。

《时代》杂志公布了 2014 年度百大最具影响力人物榜单，马云再度入选。2009 年，马云作为中国著名 IT 企业家曾入围百大最具影响力人物。马云是中国进入数字时代的标志性人物。

马云是一个成功的领袖，集语言魅力、人格魅力于一身，他的出现，就可以把身边那些懂技术的人聚集到身边来。他会识人、会用人，所以尽管自己不懂技术，但他作为一个领袖，就像一个盛汤的锅，把所有的原料精华（懂IT的以及其他方面的专才）都吸引进来。除了是一名成功的商人，马云还是广受年轻人欢迎的"心灵导师"。马云的情商之高也为中国企业界的教父级人物柳传志所佩服。在柳传志看来，企业领导者要学会让利，无论是名誉方面的"利"，还是利益方面的"利"，这样才能以身作则，聚拢人心，增强企业的战斗力。而这，需要企业领导者有很高的情商（EQ），才能很好地和员工沟通，很好地对待员工，年轻人才能不断地涌现出来。对此，他坦言非常"看好"同样是创业出身的传奇人物马云，"他很能容人，能很好地对待员工，我很看好马云"。

在这本书中，我们选择了现代企业家中高情商的代表人物马云的大量生活事例和商场实例，结合情商的内容，集理论与案例于一身，为大家深入浅出地分析情商的相关知识和理念，希望能为大家在修炼高情商的过程中带去一些有价值的参考信息，帮助大家找到走向成功的正确途径。

通过本书，你不但能了解情商的重要性，还能掌握更多有关情商的常识，并在此基础上认知自我情绪，学会疏导和激发情绪，改善与他人的关系，驾驭自己的情绪，进而拥有健康快乐的人生，抵达成功的彼岸！

目　录

第一章

情商比智商更重要

第一节　EQ比IQ更重要

美国有位记者后来改行做企业管理，有一次他在同学会上发现一个奇怪的现象，当时班上读书成绩平平的，反而都获得了成功，而当时成绩好、智商高的，却有不少人成就平平。那么其他的班是不是也会这样？他了解了其他班级，发现几乎也是如此。于是他就得出一个结论，在一个人成功、成就之中，智商只占20%。那还有80%是什么呢？是情商。

美国有一个专门搞咨询研究的机构，调查了188间公司，测试了每间公司的高级主管，看他们的智商、情商和他们的工作之间有什么关系，有什么联系。调查结果发现，情商的影响力是智商影响力的9倍！智商低的人，如果拥有更高的情商指数，完全可以获得成功。再加上我们的社会正高速发展，人们遇到的是快节奏的生活、高频率的工作负荷，再加上复杂的人际关系、越来越激烈的竞争，人们普遍感到心理压力很大，再加上天灾人祸，还有纷繁复杂的社会，只有高智商应付显然力不从心，还必须有高情商才能够适应，才能应对自如，才能自我管理、自我调节。

情商（EQ）又称情绪智力，是心理学家提出的与智力和智商相对应的概念。它主要是指人在情绪、情感、意志、耐受挫折等方面的品质。以往认为，一个人能否在一生中取得成就，智力水平是第一重要的，即智商越高，取得成就的可能性就越大。但现在心理学家普遍认为，情商水平的高低对一个人能否取得成功也有着重大的影响作用，有时其作用甚至要超过智力水平。那么，到底什么是情商呢？

马云在一次演讲中这样说道："在上市的前一天，我把阿里巴巴全体员工集中在一起，这些人现在钱最少的也是百万富翁。我问他们，你们为什么这么有钱？我问我自己为什么这么有钱？是因为我比别人勤奋吗？我自己感觉比我勤奋的人多太多了。是我比别人聪明？我看更不靠谱。以前从来没有人说过我聪明。

"小学我读了七年。高考考了 3 年。后来考了师范学院，专科，当时大学少男生，我就'转'成了本科。我曾应聘了很多的工作，第一年我差了 18 分高考失败，那年我在杭州应聘了大约 10 份工作，没有一个单位要我，最后我去踩三轮车干了两个月。所以一路走来，我并不觉得我聪明。"

这些在学校里并不聪明的人，在社会上却干出了一番成就，原因是什么？是因为他们的高情商。

马云曾表示："成功与否跟情商有关系。成功不成功跟读书多少没关系，但是跟你成功以后很有关系。成功人士他不读书他一定往下滑，而且会滑得很惨。"

学渣与学霸

常有人打趣：当个"学霸"怎么了，毕业后还不是给"学渣"打工。

西南财大近期统计我国小企业主的学历水平，还真从某些侧面证明了这个观点。

我国小企业主中，初中及以下学历的占了 63.7%。而研究生及以上学历的只有 0.2%，远低于该学历人群占总人口的比例。

此外，别看不上贴膜、卖肉夹馍之类的街边小摊，他们赚钱可能真比你多哦！

据统计，全中国资产前 10% 的富人中，小微企业家占了约 1/4；而在前 0.5% 的顶尖富豪中，有 66.9% 都是小微企业家！小微企业拥有的财富目前已占全国 GDP 总量的 1/4。

更尴尬的是，高学历的研究生、博士生们所创立的小微企业能够盈利的只有 19.8%；而初中生们创立的小微企业，虽然技术含量可能低点，但却有 81% 是盈利的。

这钱当然不是从天而降的。小微企业主们常常诉苦："赚的都是辛苦钱，24 小时待命，全年无休。"数据也证明了这一点：他们平均每周要工作 6.3 天。

为啥学历高的人反而当老板的少呢？中国传统是"学而优则仕"。学历越高，越容易得到稳定的职业。毕竟下海创业经商，风险大成本高。[1]

我们可以盘点一下那些著名的"学渣"们。马云，1982 年，当 18 岁的马云参加高考的时候，他经历了第一次高考落榜；1983 年，马云再次参加高

---

[1]　魔鬼经济学："学渣"比学霸更善于创业 [OL]. 腾讯财经，[2014-07-04]
　　http://fiance.qq.com/a/20140704/018112.htm

考，再次落榜；直到 1984 年，第三次高考，勉强被杭州师范学院以专科生录取。

周杰伦，因叛逆、贪玩而耽误了学业，最终与大学失之交臂，为了生计，他到一家餐馆去打工。1997 年，周杰伦参加《超猛新人王》演出。后来，吴宗宪找到周杰伦，邀请他到阿尔发音乐公司做音乐助理。

江苏卫视《非诚勿扰》主持人孟非就在节目中自曝自己当年是著名的"学渣"。

甲骨文总裁埃里森更是一个著名的"学渣"，他在耶鲁大学演讲时这样说道："说实话，今天我站在这里，并没有看到一千个毕业生的灿烂未来。我没有看到一千个行业的一千名卓越领导者，我只看到了一千个失败者。你们感到沮丧，这是可以理解的。为什么，我，埃里森，一个退学生，竟然在美国最具声望的学府里这样厚颜地散布异端？

"我来告诉你原因。因为我，埃里森，这个行星上第二富有的人，是个退学生，而你不是。因为比尔·盖茨，这个行星上最富有的人——就目前而言——是个退学生，而你不是。因为艾伦，这个行星上第三富有的人，也退了学，而你没有。再来一点证据吧，因为戴尔，这个行星上第九富有的人——他的排位还在不断上升，也是个退学生。而你，不是。"

在开放与迅速变化的时代，人的成功不仅取决于智力高低，而且取决于能否赢取别人的支持，从而使自己的能力得到延伸。所以，人格的力量便成为一个人能力的重要组成部分。美国一位企业人事主管深有体悟地说："IQ 高，可以让你找到工作；但 EQ 高，才能使你步步高升。"

1999 年 10 月，阿里巴巴获得以高盛牵头提供的 500 万美元风险资金，创办者马云立即着手做的一件事情就是，从香港和美国引进大量的外部人才。当时，在阿里巴巴12个人的高管团队成员中除了马云自己，全部来自海外。接下来几年，阿里巴巴聘用了更多的MBA，但是后来这些MBA中的95%都被马云开除了。

在"2005CCTV中国年度雇主调查"活动的颁奖晚会上，主持人问获奖雇主代表马云："若像孙悟空这样的人物在公司里，如果他提出一定要离开公司去学习，你是留还是放？理由？"

马云选择了"不会"，并说了个大实话："我发现周围去学习MBA的人，很多人都变傻了。"

现场哗然。作为总导演的刘戈，坐在编辑机前犹豫了很长时间是否把这段话删掉，但最后还是没有下剪刀。

早在2002年，马云就发表过相同的观点。马云说："作为一个企业家，我发现MBA教育体系应进行大量的改革。三年来，我的企业用了很多的MBA，包括从哈佛、斯坦福等学校，还有国内的很多大学毕业的MBA，95%都不是很好。"

马云1999年在美国哈佛商学院、麻省理工学院也是这样提醒美国的MBA两件值得注意的事："第一，进MBA入门学什么？我觉得，全世界各地的MBA教了很多技能性的东西。但做事首先是做人，应该从做人的道理学起。"

他提起那些新到公司的MBA，有满肚子的不满："基本的礼节、专业精神、敬业精神都很糟糕，一来好像就是我来管你们了，我要当经理人了，好像把以前的企业家、小企业家都要给推翻了。这是一个大问题。作为一个企业家，小企业家成功靠精明，中企业家成功靠管理，大企业家成功靠做人。因此，商业教育培养MBA，首先要过的是做人关。"

马云对MBA毕业前夕应当做什么也有自己的一番见解："MBA毕业以

前做什么？是调整期望值。这些人出来以后眼界都很高，念了MBA，该有一些人让我管管了。我认为，MBA学了两年以后，还要起码花半年时间去忘掉MBA学的东西，那才真正成功了。"

马云对MBA一番激烈的抨击引来北大光华管理学院副院长张维迎的反对。然而在2007年11月2日，北京大学光华管理学院国际顾问委员会正式成立，张维迎作为院长亲自给马云颁发顾问委员会成员证书。这似乎是对马云的妥协，然而，马云在这次大会上依然嘴不饶人。他讲述了自己公司的一个故事："大概一年之前，我让两个非常聪明的高级管理人员到欧洲的一个MBA商学院去学习。要加入EMBA或者MBA课程，他们需要参加全国考试，一个失败了，一个不及格。他们其中一个是网上付费的创始人，他在中国建立了行业标准，另外一个是中国最好的警察。他们在组织当中工作的能力都是非常强的。我让商学院录取这两个学生，他们离开学校已经10年的时间了，他们怎么能够去完成这些考试呢？早就全部忘记了。在他们面试的最后，考官们很惊讶。现在他们已经上学上了一年了，是班上表现最好的学生，是MBA学生当中最好的，他们受到学生的欢迎，而且很受大家的认可。"

由于阿里巴巴请哈佛和沃顿的MBA毕业生回来加入公司，但后来95%的MBA都被开除了，于是"阿里巴巴排斥MBA"和"阿里巴巴不需要MBA"的传言四起。马云解释道："被开除的MBA中很大一部分已经染上眼高手低、生搬硬套的想当然习惯。这些MBA一进阿里巴巴就跟公司讲年薪至少10万元，一讲都是战略。每次听那些专家和MBA讲得是热血沸腾，然后做的时候却不知道从哪儿做起。

"阿里巴巴并不会区别对待不同学历背景的应聘者，公司不少高层也去参加了各种管理技能方面的培训，包括MBA。比如阿里巴巴原来的COO，现在因年龄、身体问题去做'阿里学院'教授的关明生先生,他原来就是 GE 中国区总经理;阿里巴巴分管人力资源的副总裁邓康明,此前就是微软中国区的人力资源总监。只要在处事上符合阿里巴巴的价值观,能力上达到要求的应聘者,阿里巴巴一定会录用,无论是否有 MBA 背景。"

对于 MBA,马云给了一些忠告:"阿里巴巴把 80% 的 MBA 开除了,要么送回去继续学习,要么到别的公司去,我告诉他们应先学会做人,什么时候你忘了书本上的东西再回来吧。所有的 MBA 进入我们公司以后先从销售做起,六个月之后还能活下来,我们团队就欢迎你。我想给他们多点时间,蹲得低才能跳得更远。"

马云认为,作为一个企业家,小企业家成功靠精明,中企业家成功靠管理,大企业家成功靠做人。因此,商业教育培养 MBA,首先要教的是做人。马云对这些 MBA 的评价是:"基本的礼节、专业精神、敬业精神都很糟糕。这些人一进阿里巴巴就好像是来管人的,他们一进来就要把前面企业家的东西都给推翻。"

马云由此总结出一个关于人才使用的理论:只有适合企业需要的人才是真正的人才。他把当初开除 MBA 的事情做了一个比喻:就好比把飞机的引擎装在拖拉机上,最终还是飞不起来。那些职业经理人管理水平确实很高,但是不合适。公司当时的发展水平还容不下这样的人。[①]

马云曾这样说过:"Judge(判断)一个人、一个公司是不是优秀,不要看他是不是 Harvard(哈佛大学的毕业生),是不是 Stanford(斯坦福大学的毕业生),不要 Judge 里面有多少名牌大学毕业生,而要 Judge 这帮人干活

---

① 马云开除 95%MBA[N]. 新疆都市报,2009-03-21.

是不是发疯一样干，看他每天下班是不是笑眯眯回家。"

EQ 比 IQ 重要

多年以来，人们一直认为高智商可以决定高成就。有没有"智商一般，但情商很高"的人在事业上大获成功的例子呢？当然有。这样的例子举不胜举，最典型的要算历届美国总统了。

最负盛名的富兰克林·罗斯福、乔治·华盛顿和西奥多·罗斯福都是"二流智商、一流情商"的代表人物。约翰·肯尼迪和罗纳德·威尔逊·里根的智商只属中等，但因为善于交朋结友而被许多美国人誉为"最优秀、最可亲的领袖"。而自小就有"神童"之称的理查德·米尔豪斯·尼克松、伍德罗·威尔逊和赫伯特·C. 胡佛，却由于情商一团糟，不善与他人合作而声望不高，黯然下台。至于比尔·克林顿总统，据分析也是个"智商高，但情商平平"的人物，无怪乎常常陷入或与公众作对或过分讨好的尴尬之中。

在校学习好的学生，一般是 IQ 比较高的学生，而走向社会的成功人士，多半又都是 EQ 较高的人，这一"悖论"如何解释呢？IQ 基本上代表了一个人的学习能力、知识水平与文化高低。它与一个人的智力水平成正比。从心理学的角度讲，它是人的认知水平，包括感知能力、记忆能力、思维品质（即思维的批判性、广阔性、深刻性、灵活性、创造性等）与想象能力。而 EQ 则体现了一个人的兴趣、爱好、自制力、耐挫力、交往与沟通能力以及追求成功的毅力等等。从心理学的角度讲，它是人的动力系统和调节系统。

美国心理学家霍华·嘉纳说："一个人最后在社会上占据什么位置，绝大部分取决于非智力因素。"许多材料显示，情商较高的人在人生各个领域都占尽优势，无论是谈恋爱、人际关系，还是在主宰个人命运等方面，其成功的几率都比较大。

　　心理学家们认为，情商水平高的人具有如下特点：社交能力强，外向而愉快，不易陷入恐惧或伤感，对事业较投入，为人正直，富有同情心，情感生活较丰富但不逾矩，无论是独处还是与许多人在一起时都能怡然自得。

　　研究表明，拥有良好情感智力的人之所以能够达到事业的顶峰，是因为他们充满自信，深谙自我激励的奥妙。他们不会受到失去控制的情感的支配。他们也许会因为挫折而失望，但是他们能够迅速地发现它的危害性并战胜它。

第二节　社会智力

　　1925 年，著名心理学家桑代克（Thondike）提出了社会智力（social intelligence）的概念，他认为，拥有社会智力的人"具有了解及管理他人的能力，能在人际关系上采取明智的行动"，并把"社会智能"描述为与他人相处的能力。1983 年，霍华德·加德纳（Howard Gardner）发展了多元智力理论（theory of multiple intelligence），其中，两种情绪维度成分，即：内省智力（intrapsychic intelligence）和人际智力（interpersonal intelligence）两项能力，让"社会智力"的概念再一次受到教育界以及心理界的重视。

　　社会智力或称为社会智慧，是指人适应社会环境、解决人际关系的能力，这显然和传统的偏重于认知能力的智力很不同，比如有的人学习很好，脑子很聪明，但在处理人际关系上简直就是个傻瓜。

　　最糟糕的是，社会智能是无法通过课本简单学习的，这一点大家都可以在具体生活里体会到，人在社会上越早开始混，就越能吃得开，虽然这种现象不是绝对的，但大抵如此。

社会智力是情商的重要组成部分。

马云的社交能力极强。他通过"朋友遍天下"促进事业的发展，"西湖论剑"和"网商大会"就是这种能力的体现。

2000 年是中国互联网的转折之年，一路看涨的互联网神话开始跌落。

从 2000 年 4 月开始，纳斯达克指数从最高点回落，开始了一波深幅调整。这轮调整直到 2001 年 9 月宣告结束，纳斯达克指数从最高的 5000 点下跌到 1300 点。

对于 B2B，当时的互联网旗手方兴东做出了最严厉的批判："B2B，最扶不起来的概念。""市场热的时候，什么概念都是美好的；市场冷的时候，什么概念都是虚幻的。例如'.com'和'e 标签'。市场好的时候，什么样的商业模式都是黄金；市场差的时候，什么样的商业模式都像垃圾。例如 B2C、C2C。"

当时的互联网界英豪辈出，谁也不服气谁，从来没有人能够把他们招在一起开个会。马云知道靠自己的声望遍发英雄帖也不会有几个人来，于是，他灵光一闪，有了一个新的想法，于是他马上打电话给市场部副总裁 Porter，说："我有个想法，现在中国互联网的 CEO 都在打架，我想邀请金庸和新浪、搜狐、网易、8848 的掌门人一起搞个西湖论剑，你看怎么样？"

Porter 一听就急了，连忙说："你疯了！这是不可能的！几个 CEO 之间关系都不太好，金庸又很难请到。你能不能给他们先打个电话，如果他们都同意，我可以协调。"

马云于是再打电话给丁磊和王峻涛，两人都是金庸迷。马云打电话给王峻涛（也是马云的好友）时底气十足："老榕，来不来随你便，反正金庸大侠要来了。"

　　王峻涛一听金庸要来，立马答应。丁磊这个金庸迷也经不住诱惑，也立刻答应了。麻省理工物理学博士出身的张朝阳，是个地地道道的海归，自称对武侠一窍不通，但他却给自己找了一个参加"论剑"的理由："去，一定去，正好可以借此机会好好补上武侠这一课！"

　　身为中国第一门户老大的王志东，算是最难啃的硬骨头了。临到最后几天，王志东突然打电话给马云，说他有事不能来了。马云一听就急了："哥们儿你这不是坑人吗？"于是立即杀到北京找到王志东谈了两小时，生拉硬拽地把王志东搞定了。

　　以马云当时的号召力，去要求那些响当当的人物，恐怕是牵强的。这些聪明人都知道，参与论坛从某种意义上说是给马云做嫁衣。

　　金庸在这个大会上所起的作用是主持人。首先，金庸是绝对的成功人士。媒体经营很成功，生活爱情，也很丰硕。马云表示："网络是商业，网络是生活，金庸目光的穿透力是不多见的。年轻的互联网需要指点。"

　　当然，金庸的名气也足够让他成为第一人选。他德高望重并对网民有足够的影响力。

　　"金庸懂网络吗？"对这样的疑问，金庸很诚实："我对网络是外行，夫人上网多点。我上网只是写文章发信。我喜欢的是网上订书，看看目录，几天就寄到家了。"连这些疑惑都成为吸引人的武器，难怪后来的报道说，一宣布金庸主持，BBS上就热闹起来了。

　　在这样的背景下，马云组织了第一届"西湖论剑"大会，一方面是探讨业界趋势，另一方面也是给自己打气。

　　当时的马云，还处于弱小时期，他应该很向往那些已经"笑傲江湖"的高手。马云是真的想从金庸小说里吸取能量，假如你把中国互联网当作一个江湖的话，他希望寻找一种商业之外的启发，那就是菜鸟是如何成长为大侠的。彼时的马云，在大家眼里还是菜鸟。

除了这一行业顶级人物的聚会以外，马云又发起了"网商大会"，将各路江湖英雄每年聚拢在阿里巴巴的周围。

荀子曰："人之生也，不能无群。"意思是说，人要通过交往、通过建立和谐的人际关系，才能过社会生活。研究表明，成年后的人际关系状况，往往与幼年时的人际交往能力有着密切的联系。

人际交往是一种基本智能，指能够察觉并区分他人的情绪、意图、动机和感觉，并运用语言、动作、手势、表情、眼神等方式与他人交流信息、沟通情感的能力。2~6岁是人际交往智能成长的关键时期，当妈妈生病时，能理解、感受妈妈的难受，并且说一些关心的话语；对游戏过程中出现的矛盾和纠纷，能够学会克制独占、利己的想法，能与他人共同协商等等。国际21世纪教育委员会提出，人际交往能力是教育的四个支柱之一，儿童早期的人际交往技能、交往状况会深深影响其未来的人际关系、自尊，甚至幸福生活。

小时候的马云，身上全是叛逆、倔强、逞强、顽皮、淘气、屡教不改等令家长和老师头疼的"坏毛病"。马云喜欢"行侠仗义"，为朋友"两肋插刀"，经常帮别人打架，用他自己的话说，"全是为了朋友，为了义气"。马云在接受东方卫视《财富人生》访谈时说道："这么多年，到现在为止我觉得最最珍贵的是朋友的友情，我在每一次最困难的时候都是朋友帮忙，小时候也一样。我把友情看得很重。有时候朋友受欺侮了，我便会冲上去帮忙。""我不想欺侮别人，但别人会欺侮我。但我很少为自己打架，都（是）为别人打架。"

少年马云坚定不移地践行他在武侠小说中看到的"侠骨仁心"。马云自己说，在他的"戎马生涯"中，"我头上共缝过四次针，总共加起来十三四针吧"。

马云小的时候，经常出去做导游，找老外练口语。当时中国刚刚改革开放，很多外国游客来到杭州。马云在杭州西湖区学英语，8年间风雨无阻。这8年对他的人生起到非常重要的作用，他开始变得比大多数中国人都要国际化，因为与老外的接触使他懂得了老师与书本所无法传授的知识。这些知识开始不断冲击着这个少年的世界观、人生观。马云表示："在和这些外国人互动的过程中，我发现外国人的想法和我受到的教育有很大不同，让我了解到外面还有另一个完全不同的世界。"同时，也让马云在小小年纪就打下了广泛的人脉基础。据马云后来回忆，1979年的一天，15岁的他一个人站在杭州香格里拉大酒店门口寻找"猎物"。就是在那一天，他结识了来自澳洲带着2个孩子的摩利，并与他们度过了愉快的3天，在摩利一家归国之后马云和这家人并没有失去联系，而是不断地书信往来，成为笔友。摩利太太对马云说："我想给你取个英文名字。"马云说："好呵！"摩利太太说："如果你不嫌弃的话，我想把我丈夫的名字给你，他叫杰克。"

杰克！又响亮又简单，很好。从此少年的英文名字叫 Jack Ma，一直用到后来他去达沃斯和世界领袖们交往。随着感情的不断加深，摩利夫妇后来成了马云的义父义母。马云在接受著名记者孙燕君采访时说："我现在有很多国际上的朋友，就是当年交的。比如我有一个澳大利亚朋友，现在我把他当义父看待，他把我当他的孩子。1979年他们一家到杭州来，那时我十五六岁，早上在香格里拉门口念英文，他们就出来了。然后就跟他们认识，跟他儿子认识。他儿子比我小2岁。他们回去以后，我跟他们至少每个礼拜通一次信，成了笔友。"

摩利一家对马云最大的馈赠，就是灌输给马云一套完整的西方思维。这种思维逻辑带来的帮助，不仅仅只是推动语言学习那么简单，对于思维方式开始形成的少年马云而言，义父母的帮助，让他学会了从西方人的角度看待人生和世界，可以说摩利夫妇是马云的西方文化启蒙师。

1985 年，20 岁的马云在刚上大学的时候受到这家人的邀请到澳洲度暑假。这是马云第一次出国，在澳洲的 31 天假期也给马云的思想带来了强烈的冲击。"1985 年他们（摩利一家）邀请我到澳大利亚玩，到他们家里去做客。正是这个第一次到国外的机会，真正改变了我的观念。"

马云在 2000 年接受媒体采访时说："第一次去澳洲，我的眼界大开。1985 年以前，在国内了解到的国外是一塌糊涂，但是到了那里才发现我们 50 年都未必赶得上（澳大利亚的发展水平）。那时候就是这种感觉。"

在澳洲，马云第一次认识到，一种语言就是一种生活方式，就是一种文化和历史。这成为他重新认识世界的拐点。

从小受澳大利亚籍义父的影响，马云非常善于和西方社会沟通，在阿里巴巴业务尚不成气候的阶段，马云不断在各种能够提升阿里巴巴国际知名度的场合演讲以及接受海外媒体采访，这为阿里巴巴赢得了海外市场。对另一块市场，中国本土市场，马云更是心存感激，心生骄傲。马云在 2005 年雅巴杭州大会上说："我 1985 年第一次去澳大利亚。很多人没有出过国，认为中国是世界上最富有的国家，我们要解放全人类。但我发现事实上是澳大利亚要解放中国，他们比我们富太多。我强烈地感觉，中国为什么不能富有，中国为什么不能有蔚蓝的天？中国人之间有时你猜测我，我猜测你，无论做生意、做事都有斗争。

"我们抱怨没有用，每个人通过自己的努力改变中国，每个人通过自己一点一滴的学习、成长去影响别人。

"所以 20 年过去了，我又去了澳大利亚，同样的城市，给我感触很深，我看到的是我去的那个城市什么都没有改变，15 年、20 年还是这样。而今天的杭州，今天的上海，今天的北京让我们中国人自己都感到吃惊，感到骄傲。"

马云在念大学期间，家里经济条件不好，而摩利夫妇则伸出了援助之手，一直资助马云读完大学。"1985 年之后，他们（摩利夫妇）几乎每一年都要到杭州来玩，在我家里住上一到两个月。今年这老头已 78 岁了，我跟他好像是忘年交一样，这是个一辈子的朋友。我念大学最苦的时候，他资助过我，现在他也挺为我感到骄傲的。前几天他刚走，他到杭州来的时候，每天到公司来，坐在我的对面，看着我……"

如今，在马云办公室的墙上挂着一张照片，是他与摩利夫妇的合影。2005 年 9 月 10 日，正值阿里巴巴成立 5 周年，开完庆祝大会的马云着急地飞往澳大利亚，几天后，马云的义父与世长辞。在之后的一段时间里，马云痛心得几乎吃不下饭。

第二章

积极心态的力量

第一节　积极心态是种力量

20 世纪 70 年代中期，美国某保险公司曾雇佣了 5000 名推销员，并对他们进行了职业培训，每名推销员的培训费用高达 3 万美元。谁知雇佣后第一年就有一半人辞职，4 年后这批人只剩下不到 1/5。原因是，在推销保险的过程中，推销员不得不一次又一次地面对被拒之门外的窘境，许多人在遭受多次拒绝后，便失去了继续从事这项工作的耐心和勇气。

那些善于将每一次拒绝都当作挑战的人，是否更有可能成为成功的推销员呢？该公司向宾夕法尼亚大学心理学教授马丁·塞里格曼讨教，希望他能为公司的招聘工作提供帮助。

塞里格曼教授以提出"成功中乐观情绪的重要性"理论而闻名，他认为，当乐观主义者失败时，他们会将失败归结于某些他们可以改变的事情，而不是某些固定的、他们无法克服的困难，因此，他们会努力去改变现状，争取成功。

在接受该保险公司的邀请之后，塞里格曼对 1.5 万名新员工进行了两次测试，一次是该公司常规的以智商测验为主的甄别测试，另一次是塞里格曼自己设计的，用于测试被测者乐观程度的测试，之后，塞里格曼对这些新员工进行了跟踪研究。

在这些新员工当中，有一组人没有通过甄别测试，但在乐观测试中，他们却取得"超级乐观主义者"的成绩。

跟踪研究的结果表明，这一组人在所有人中工作任务完成得最好。第一年，他们的推销业绩比"一般悲观主义者"高出 21%，第二年高出 57%。从此，通过塞里格曼的"乐观测试"便成了该公司录用推销员的一道必不可少的程序。

美国成功学家皮鲁克斯在《现代人性格何以失衡》一书中这样说："积极的心态是种力量，心态失衡是现代人常被击垮的一个性格弱点，因为他们无法从消极心态过渡到积极心态。这种失衡性格成为一个时代的疾病。""如果一个人有信心、求希望、有诚意、善关爱、肯吃苦，而不是悲观、失望、自卑、虚伪和欺骗，那么这种人的个性就是令人欣赏的。"

据心理学统计，每个人每天大约会产生 5 万个想法。如果你拥有乐观的心态，那么你就能积极地、富有创造力地将这 5 万个想法转换成正面的能源和动力；如果你的态度是消极的，你就会显得悲观、软弱、缺乏安全感，同时也会把这 5 万个想法变成负面的障碍和阻力。

低情商的消极者允许或期望环境控制自己，喜欢一切听从别人的安排，但在这样的情况下，他们不可能拥有控制自己命运的能力，也无法避免失败的命运；相反，高情商的积极者则总是以不屈不挠、坚韧不拔的精神面对困难，因此他们的成功是指日可待的。而且他们总是使用最乐观的精神和最辉煌的经验支配、控制自己的人生。

成功学励志专家拿破仑·希尔曾这样说过："人与人之间只有很小的差异，但这种很小的差异却往往造成了巨大的差异！很小的差异就是所具备的心态是积极的还是消极的，巨大的差异就是成功与失败。""乐观的心态，就是心灵的健康和营养。这样的心灵，能吸引财富、成功、快乐和身体的健康。消极的心态，却是心灵的疾病和垃圾。这样的心灵，不仅排斥财富、成功、快乐和健康，甚至会夺走生活中已有的一切。"所以，与其抱怨自己的人生不幸，抱怨命运对自己不公，不如多想想自己能做些什么吧！

马云一直是一个顽童似的领导者，在很多宣传海报上、演讲录像上马云的举动异常可爱，白雪公主的优雅、朋克造型的张扬，马云都曾在公众面前上演过，对于一个经历如此挫折的人来说能保持这样的乐观也是一种本领。没有人会拒绝快乐，马云带领一群人在高速发展的时代，在风云变幻的商业界，在巨大工作压力下以微笑的表情工作和生活。借助一句歌词形象地表达："阿里巴巴是个快乐的年轻人。"

从杭州萧山机场到阿里巴巴总部的路上，出租车司机听说《中国企业家》杂志的记者要去见马云，猛踩了脚油门，"你们能帮我捎个口信吗？"他一本正经地说，"我想杀了他。"他和老婆本来在批发市场做小生意，因为淘宝和天猫，市场倒闭了，他不得不另谋生计。他又抱怨，自己的儿子很可能不会同意杀掉马云。"他整天网购，买了一大堆东西。"

见到马云后，记者传达了出租车司机的话。马云表示："能被人骂我觉得挺好，人们总要有个人骂。今天即使没有淘宝，没有阿里巴巴，传统的批发市场也做不了多久。假设是因为我们推动了传统批发市场的改造，这是好事情。一个优秀的企业家和优秀的政治家一样，如果你做事都没人骂你，绝对不会优秀。"

《杨澜访谈录》创办 10 周年时，杨澜开了个派对，请了马云、冯小刚、李连杰。在互动中，要求嘉宾回答同一个问题：在你的经营理念中，哪一条最适合于婚姻？马云说："是乐观和信任，因为婚姻就像企业一样，麻烦挺多的，不这样麻烦会更多。"

什么是真正的乐观主义，"中国的企业家确实没有好的下场。现实是。历史也是。历史不会因为今天而改变。会有侥幸的人，毕竟不多。这并不是悲观，知天命者才能乐观。知道结局的人才能真正乐观。我马云已经知道自己的结局了，所以我很乐观地看待这些，干呗，反正最坏也就是这个结局嘛。这才是真正的乐观主义。不知道结局的乐观，那是盲目的乐观。我们要乐观但不能盲目乐观。所谓知天命就是你看到了结局，仍为之。何为无为而治，无为，空也，仍为之。这才是人生。你知道结局很悲观，你还要去干，那才是高手，那才叫境界。我并不悲观。相反来讲，我乐观了很多。"马云在一次会议上这样说。

2008 年，又一个冬天来到了，但马云的心态依然豁达，让人不由想到了阿 Q 精神。马云直言，其实创业者只有乐观主义创业才能走得很久。"我在心里面可能也有一点像变态一样，我把所有倒霉的事情当快乐去体会它，所以出现任何麻烦，都是给我练功力的机会，看我能不能挺过去，如果真到挺不过去的那一刻，我就睡一觉，第二天早上又是新的一天。就像我以前去学习做销售的时候，我出去就跟自己讲，今天的 10 个客户肯定一个都谈不下来，若果然谈不下来，我就跟自己讲，我多么地有远见。但是万一谈成一个，我就跟自己讲：哎呀，我比自己想象的还能干。"

马云强调，作为一个创业者不能够被困难压倒，一个成功的企业其背后都会有一种信念、一种执著、一种乐观主义精神。马云曾这样表示："我们不想做普通的企业，我本人对挣钱兴趣不大。我最快乐的时候是当老师的时候，我教了6年书。那时一个月89块钱工资，我觉得再过3个月就可以买辆自行车了，很幸福。我现在身上都不带钱，也不带钱包，没有时间花钱。我快乐是因为有我们这一拨人，使中国发生了变化，并且这个乐趣越来越大，事实上正是因为这种乐趣才促使我们发生变革。企业要解决社会问题，只有持续解决社会问题才能够成就一个了不起的企业。"

有人曾向马云提问："你最喜欢男性身上的什么品质？"马云的回答是："乐观地看待这个世界。"又问："你最喜欢女性身上的什么品质？"马云的回答是："乐观地看待我。"

马云在提到阿里巴巴创立之初的情形时说，阿里巴巴刚创立的前3年，一分钱都没赚，员工也很沮丧，他们甚至觉得阿里巴巴没有个公司的样子。"当时互联网还没被大部分人所接受，电子商务更是很遥远，阿里巴巴这个名字很古怪，我这个人看上去也比较让人没有信任感。"马云略带自嘲地说，"但有一样东西让我们坚持和乐观。我们收到了很多小企业客户的感谢信，写着：阿里巴巴，因为你们，我们拿到了订单，招到了新的员工，扩大了公司规模。这让我觉得，假如今天我能帮10家小企业，将来就能帮100家，未来还有10万家在等着，这个市场一定存在。"马云认为，一个创业者身上最优秀的素质，就是永远乐观。"这么多年来的创业经历，和这么多朋友一起交流，我发现悲观的人是不可能成功的，悲观的人是不能去创业的。"马云说，乐观不仅是自己安慰自己，左手温暖右手，还是把自己的快乐分享给别人。创业者不仅仅是让自己快乐，还要让别人快乐，要让别人有价值。"让别人有价值的人，路才会走得远，走得久，走得踏实，走得舒坦。"

马云受邀参加清华大学经济管理学院2014年毕业典礼并做演讲。马云借此给毕业生们建议，对未来要有三个坚持：第一永远坚持理想主义；第二要坚持担当精神；第三要坚持乐观的正能量。马云认为，创业者一定是乐观主义者，悲观的人是不可能创业成功的。

"我在工作之前被拒绝了30多次。当兵被拒绝了，当警察被拒绝了，去肯德基被拒绝了，去宾馆当服务员也被拒绝了。这无数的拒绝让我懂得了很多道理。大学生所追求的并不是创业成功，而是学习创业的精神，了解创业过程的艰难，积累各种各样的关系。"马云说自己在大学期间是学生会主席，还卖过面包，卖过书，这些"服务别人"的经历都给他后来的创业带来了很多帮助。

整个2011年，对马云影响不小——阿里巴巴的价值观诉求和马云的理想主义雄心，都可能阶段性接近某些边界瓶颈。不过，马云显示出更多积极的态度。他说，经历过去一年他心智上成熟了10岁，"现在我知道如何以更好的方式和这些事情打交道，你不能要求谁都理解你，那不现实。但是二三十年后，人们会理解我们现在的做法。这就是领先"。

阿里巴巴集团秘书长邵晓峰说，阿里巴巴面临的责任超出了此前的想象，但马云仍是理想主义的人，阿里巴巴也仍是理想主义的团队，对承担更多责任感到自豪。

第二节　无惧自黑是一种心态

当一个成功创业者开口说话时，听众总是会事先带着崇拜的心态，或多或少。何况，马云又是最草根的英雄。不像一些富贵后就鄙视屌丝的成功者，马云总是把自己的心态放得很低，喜欢以自嘲来调节会场气氛。糟糕的学习成绩，高考求职屡屡碰壁，创业初期的艰难，平凡甚至奇怪的长相，这些都是马云常用的自嘲题材。

"从初中到高中，我其他各科成绩都很平庸，唯有英语，它真的成为我的闪光点，我几乎包揽了大小英语考试的年级第一名。但这个唯一的闪光点无法遮掩我严重偏科的事实，第一次高考，我的英语成绩是全年级第一，然而数学却是倒数第一。

"高考落榜后，我决定出去打工，和表弟去一家宾馆应聘保安。结果，表弟被录用了，我却因个头矮被淘汰。那时，我的心几乎被各种打击敲碎了。父亲见我意志越来越消沉，悄悄找了个关系，让我蹬三轮车，替《山海经》《东海》《江南》三家杂志社送书。沉重的体力劳动加上每月 30.50 元的工资让我渐渐忘掉高考落榜带来的痛，我甚至开始认为，这也许就是适合自己的生活方式。但父亲却像是一把铁锹，开始刻意铲凿我高考落榜的痛处，他对我说你每天踩 20 多公里路来来回回都不累，为什么就不能再走一遍高考的路呢？父亲的话让我下了决心：参加第二次高考！

"我看过《人生》这本书，对高加林印象深刻，他高考失败，然后还想再考，就是这种向上、不放弃的精神影响了我。

"我报了高考复读班，天天骑着自行车，两点一线，在家和补习班之间往返。然而金榜题名的美好结局依然没有出现，这一次，我的数学只考了 19 分，总分与本科录取线相差 140 分。

"我自己执拗地决定走第三遍高考的路！那时候我教别人外语，同学教我数学。教我数学的同学，他爸爸是数学特级教师，他哥哥是数学博士，他数学很好。高考之前的一个礼拜，我的数学老师——那时候他是杭州第十五中学的数学老师——他说你要是考得上的话我的名字倒过来写。

"1984 年 7 月，第三次从高考考场走出来的我，数学考了 79 分，但总分依然比本科录取线少 5 分。但是由于当年杭州师范学院本科没招满，我终于跌跌撞撞读上了本科，还被调配进入英语专业，捡了个天大的便宜。"

1995 年 4 月，马云垫付 7000 元，联合亲朋凑了 2 万元，创建了中国最早的互联网公司之一"海博网络"，并启动了中国黄页项目。那时的马云与其说是总经理，不如说是个推销员。一位曾在大排档里见过马云的老乡这样描述他：喝得微醺，手舞足蹈，跟一大帮人神侃瞎聊。那时大家还不知道互联网为何物，很多人将马云视为到处推销中国黄页的"骗子"，而他还是一遍又一遍地"对牛弹琴"。到了 1997 年年底，网站的营业额不可思议地做到了 700 万元！

马云经常自黑自己是"盲人骑瞎虎":自己眼睛是瞎的,骑着的老虎也是瞎眼的,一路颠簸到现在。"我就像一个骑在盲虎身上的盲人。""我为什么能活下来?第一是由于我没有钱;第二是我对Internet(因特网)一点不懂;第三是我像傻瓜一样勇往直前。"

自黑并不是自我嘲弄,而是自我取笑,它与埋怨自己、灰心失望、自取其辱、自叹自卑、恶意丑化、作践自己是不同的。

自黑式幽默的特点是尖锐而不刻薄,俏皮而不直露,蕴藏着说话者温厚善良的气度和高超的语言艺术。有人甚至这样区分人的层次:听了别人的话能笑,这个人是正常人;自己能讲笑话让别人笑,此人有幽默感;能够自己拿自己开玩笑,此人有希望成为幽默大师,因为自嘲是幽默的最高品位。自嘲是自己对自己幽默,是消除自己在沟通中胆怯的良方。

自黑是一种比较安全的幽默,可以表达一种谦卑。它通过笑谈自己的缺点和弱点,使别人对你产生一种亲切感和同情感。能够嘲笑自己的外貌、缺点、愚昧,被认为是高明的幽默境界。因为它既可以避免自高自大,认清自己的不完美,也可以产生幽默感。

美国第16届总统林肯的长相,使人无法恭维,他自己也不避讳这一点。一次,道格拉斯指责他是两面派。林肯说:"现在,请听众来评评看,我如果还有另一副面孔的话,我会戴着现在的这副面孔吗?"结果引起听众大笑,在笑声中显出道格拉斯的荒谬。

对于自己的长相,马云这样调侃道:"绝大部分的情况下,一个男人的长相和智慧是成反比的,因为你长得丑,没有本钱,只能去不断努力,而且往往努力的人都有点古怪,你要么很瘦,要么很胖。"

有一次,马云的照片登上了《福布斯》杂志封面,被杂志形容成长相怪异、顽童模样的中国企业家形象，对此，马云说道："我这个CEO当得有点'惨'。"

马云笑称："只有在两种情况下你是CEO：第一，你做决定的时候你是CEO，平时你不是CEO；第二，在你犯错误的时候，你是CEO，你说这是我的错。"

提到网友恶搞阿里巴巴小微金融服务集团CEO彭蕾的长相，像"马云戴了个假发重新上场"，深受马云影响的彭蕾也调侃道："难怪我一直觉得马总五官虽不咋地，但凑一起就是气质独特很有范儿。"

如果你有风趣的思想，轻松地面对自己，你便会发现自己可以原原本本地接受自己的身高、体重或其他身体特征；你也会发现幽默能帮你以新的眼光去看你对经济的忧虑。也许你无法得到真诚的爱，但是你能使你的人际关系充满温暖和谐——与人分享欢乐，甚至和仅仅有一面之缘的人也会有很好的关系。

幽默的金科玉律是：敢笑自己的人，才有权利开别人的玩笑。不论你想笑别人怎样，先笑自己。自我取笑是以轻松的语言笑谈自己，暴露自己的缺点，取笑自己的弱点，笑自己的观念、遭遇、狼狈处境。自我取笑需要勇气，看起来很傻，其实，是一种大智若愚的幽默，而且它是与人交往的一种很安全的方式。

第三节　快快乐乐去成功

高情商能为职业发展带来什么？美国乔治亚理工学院心理学博士、EQ 研究及推广者张怡筠女士的说法是：快快乐乐去成功。

EQ 在生活中具有重要的作用，它决定了个人主观上认为生活是否顺心，也会影响与他人（如家人、朋友、上司、同事、客户）之间的关系，甚至会影响学业及工作表现。试想：一个不能处理好自己情绪的人，必定很容易受情绪所左右，表现出冲动的行为，因而破坏人际关系。如果与身边的人不能相处融洽，不论在家庭、学校及工作环境中都存在不满的情绪，觉得大家都对不起他，认为一切都是别人的错，或者陷入深深的自责中，形成恶性循环，当然活得不快乐。

如果你所从事的工作必须经常与人打交道，那么你一定需要较高的情商，因为情商有互动的特点，它在人与人之间的交往中体现，也决定着你在职场快乐与否。很多人很努力地工作，也许是为了将来的快乐，而当工作完成了、生活过完了，最后却发觉还是没有快乐的感觉。张怡筠认为，最棒的成功就是快快乐乐去成功，而不是为着不知道有没有快乐的成功而不快乐地工作。

马云表示："创业者要先做最容易、最快乐的事情，而不是要去做最重要、最难的事情，只有做最容易、最快乐的事情才有可能活下来，发展起来。等到你强壮了，再去思考什么是最重要、最具战略的事情。"

马云在阿里巴巴商学院首届毕业生毕业典礼上这样说道："学校里学的是知识，而人生的大学给大家一种智慧，知识可以勤奋去学，但智慧要用心去体会。明天的大学是体验的大学，这个体验有眼泪、气愤，有郁闷、痛苦。

"这世界不缺工作，不缺机会，只要你愿意去找，知道怎么去把握。永远不要挑最好的工作，要挑你最合适的工作。永远不要去做最伟大的事情，去做那些你最快乐的事情。

"到最后你会理解这句话，快乐比人生什么东西都重要，快乐是你的老师你的同学希望你拥有的，是你的父母希望你拥有的，是将来你的孩子希望你拥有的。只有做快乐的事情，才会成为了不起的人。"

马云对员工的要求是："认真生活，快乐工作！"

对于人们质疑阿里巴巴入股恒大足球，马云的回答是："足球是玩快乐的，不是玩钱的。我50他50（50%的股份），让我明白许家印是真正喜欢足球。如果他不喜欢，他会是51。谁说了算？里皮（广州恒大主帅）说了算。我们是友好协商，共同推进，而不是遇到事情就搞董事会投票表决。我俩都不进更衣室，这是游戏规则。"

在正式场合，马云甚至不穿西装，还说了很多当时被认为是"忽悠"的话。选央视2012年财经人物时，他也是一身便装，让其他大佬们"妒忌"。也是在那次场合，他说出了网商下一个10年，冲击10万亿元。之前的2012

年 11 月末，阿里巴巴当年成交额过万亿元，相当于 GDP 的 2%，再之前的"双十一"，1 天成交额 191 亿元。当人们准备再看下去的时候，马云不玩了。表面上看，这似乎和近几年他保持沉默，退居幕后一脉相承。热衷于太极的他说，太极拳给他最大的是哲学上的思考，阴和阳，物极必反，什么时候该放，什么时候该收，这是他管理企业的根基。

马云在谈到创业艰辛问题时说，他和阿里巴巴每天的痛苦和郁闷远远超过了快乐。他说，每一个人都难免会有很多很多痛苦和烦恼，但是每个人对待痛苦和烦恼的态度都不一样。马云说，他每天都把痛苦当作快乐，每天都在痛苦中煎熬，每天都在不断与痛苦斗争，实在挺不过去的时候就睡一觉，醒来再从头开始。

马云表示，乐观地看待整个世界才会更快乐。"最早我爷爷这一代是通过报纸来了解世界的，我父亲这一代希望耳听为实，他们通过收音机来了解世界，我们这一代希望眼见为实，我们通过电视机来了解世界，而你们这一代和你们后面那几代是通过互联网，你们告诉我们，我们不希望听别人告诉我们的，我们想参与，这就是社会的进步。

"我爷爷认为我父亲不如他，我父亲一直认为我不如他，但是我们一代胜过一代。所有的社会都在抱怨，都说没有机会，都说政府这个不行那个不行。我们大家今天去看一下社会，你承认不承认，真正拿出数据看，今天的官员比 10 年前更加廉政更加能干，今天的企业家比 10 年前更能干更承担责任，今天的大学老师比 10 年前更加勤奋更加专业，今天的医院也比 10 年以前更好。

"但是我们看到的是什么呢？我们看到抓出来的都是贪官，企业家抓出来是像黄光裕这样的，我们发现教授是剽窃的，我们发现医院是不负责任的，但是社会在进步。我们永远要积极乐观地看待未来。在我们这一代我 20 岁的时候、30 岁的时候也跟大家一样抱怨过，我父亲为什么没有地位？为什么不是局长？我舅舅为什么不是银行里的？为什么我去应聘三十几份工作没有一个公司录取我？

"我曾经去应聘肯德基杭州公司的助理被拒绝过。我也抱怨过，但是抱怨有什么用？我后来变成我那个时代没有抱怨的人，我相信在我 20 岁的时候，这个时代不是我们的，我相信 40 岁以后的这个时代才是我们的，为了 40 岁这个时代，我从 20 岁开始积极寻找社会进步的东西，寻找未来，完善自己而不是埋怨别人。我感谢大家今天晚上来交流，因为你们来意味着每个人关心未来，包括刚才 90 后的一个同学说，我不知道自己的未来是什么。很正常，我在你这个年龄的时候也不知道，我 30 岁的时候也不知道，我开始创业做阿里巴巴的时候只是一个梦想，只是一个理想。到今天为止，我越来越清楚我要怎么干。

"所以我想不知道没关系，但是要心存理想说我会找到的。我们不断地在思考这些问题，大家说社会到底怎么了，看到的全是坏的。但是我相信在座的以及今天在网上的人，假如你看到社会积极的正面的一面，你看到的永远是乐观的一面，去改变自己的一面，你才会产生成功。我前面 10 年唯一没有放弃的是对未来的理想，对别人的关注，但我放弃了自己很多的习惯。人就是这样，内和外。

"没有人是完美的，社会不可能完美，因为社会是由所有不完美的人组成在一起的，你的职责就是比别人多勤奋一点、多努力一点、多有一点理想，世界才会好起来，我就是这么走过来的。我没有任何理由走到今天，唯一的理由就是我比我同龄一代的人更加乐观，更加会找乐子，更加懂得左手温暖右手，相信明天还会更好。"

第四节　拥抱变化的自适应能力

洛克费曼是哈佛大学心理学系的学生，主攻人类心理学。他在自己的心理学笔记中曾经说过，每一个人的无意识行为出现的概率会随着环境的变化而变化。这一种无意识行为也就是人脑的延迟反应。这一种反应行为会让我们的身体机能发生一些细微的变化，就像异次空间的某一些动物细胞的变化，通过积累之后，让我们的身体机能发生质的变化。而这种变化很多时候是不必要的，甚至是不利的。

这种时候就需要采取行动来控制自己的延迟反应。在某一次调查研究中，洛克费曼发现高情商的人更懂得保护自己，也就是说他们的自我适应能力很强，能够很快适应这种变化，从而保护自己。

自我适应，用现在一个很流行的词来说就是淡定。自我适应就是通过自己的情商、智商，还有理智对自己进行一种控制，看穿事态本身，学会适应一切事物的发展。可以说是随遇而安，也可以说是身在其中，舒适自然，就像这事本身就发生了一样，你就会避免让自己处在事态的最中心或者危机的最顶端。

"拥抱变化"强调的就是自适应力。

在互联网短短的十几年历史中，网络技术、运营手法、赢利模式等无不是瞬息万变。而要在这种种变化中求得生存乃至发展，只有以变应变，而不能抱着"以不变应万变"的传统策略，否则，就迟早会被淘汰。企业要善于变化，首先就得让员工拥有拥抱变化的能力。

拥抱变化是阿里巴巴作出战略决策的一个重要宗旨。马云对员工"拥抱变化"的能力非常重视。马云解释，如果企业员工不能适时应变，不断创新，要想做百年企业简直是痴心妄想。

为了使员工"拥抱变化"，阿里巴巴的干部坚持轮转，让销售人员到后台来，看看后台是怎么运作的；让后台的人到前台去，看看前台是怎么运作的。阿里巴巴的业务经理们也定期在全国城市之间大调动，让他们调换眼光，这是阿里巴巴培育员工拥抱变化能力的措施之一。在阿里巴巴公司，创业元老和众多老员工几乎每一个人都经历过不止一次的工作变动。

甚至阿里巴巴很多优秀的员工，这 10 年所有的工作全部换过。不止是员工的岗位调动频繁，高管变动同样频繁。2007 年 12 月 24 日，阿里巴巴集团宣布，对旗下高层进行调整，淘宝网总裁孙彤宇、阿里巴巴集团 COO 李琪、阿里巴巴集团 CTO 吴炯、阿里巴巴集团资深副总裁李旭晖将会辞去现任职位。阿里巴巴表示，此调整是基于公司干部轮休学习计划。

对于如此之大的人事变动，尽管外界一片议论，在阿里巴巴内部却并没有引起任何震动。由此可见，"拥抱变化"的理念在阿里巴巴已经是深入人心。

通用电气前任 CEO 杰克·韦尔奇曾说过："我们的世界变化的速度是如

此之快，对于一家公司来说，最重要的一项工作就是要变得灵敏，一定要灵敏，一定要具有适应能力，而不是用所有的时间去预测未来。"马云说："除了我们的梦想之外，唯一不变的是变化！这是个高速变化的世界，我们的产业在变，我们的环境在变，我们自己在变，我们的对手也在变……我们周围的一切全在变化之中！"

互联网最大的特征是变化

马云认为，互联网最大的特征是变化。阿里巴巴就处在不断的变化之中。"从 2000 年到 2003 年，互联网发生了太大的变化，从高潮到低谷，盈利模式从广告到短信和网络游戏。所以，电子商务市场也将发生巨大的变化。"

2003 年、2004 年和 2005 年是电子商务的一个积累期，到了 2008 年、2009 年必然有一个爆发。互联网最大的特征是变化，因而最好的办法就是能够预测到变化，抢在变化之前采取行动。在建立阿里巴巴的时候，不少电子商务公司是面向大企业的。但马云预测，网络的普及可能就是大公司模式的终结。因为，在网络时代，一家公司要进入他国市场并不需要太多的钱，网络的大量即时性信息使中小企业可以获得更多的市场机会。

当其他人还没有意识到互联网这个动向的时候，马云就已经敏锐地捕捉到了这一变化。因此，马云想："为什么不能给这些企业一个网络出口呢？"于是就有了不同于当时任何电子商务模式的、专为中小企业服务的"阿里巴巴"。

在 2000 年的时候，马云再一次敏锐地捕捉到了危险的信号——互联网的又一次变化。这一年，网络经济泡沫破灭，国内外互联网公司惨淡经营。

也是在这一年，当有创办企业的朋友问马云："今年在干什么？"马云回答说："一个是在阿里巴巴搞大生产，一个是在建抗日军政大学。"马云相信，中国"入世"将改变世界经济格局，全世界的工厂将云集亚洲，而中国正是重中之重。因而 2000 年年底，阿里巴巴就把战线拉回国内，实施"全球眼光，当地制胜"的战略，打出"我来自中国"的招牌。互联网世界总是充满风险的，谁能拥抱变化并且具有大胆追求的勇气，谁就能在这个领域里生存下去。而阿里巴巴恰恰具备了这种勇气。

2008 年 2 月，马云最早预言经济冬天，并搬出"150 亿元援冬计划"。对 2009 年，阿里巴巴的关键词，不是信心，不是过冬，不是坚强，不是进攻，而是"变革"，变革似乎也是个陈词滥调，但马云则赋予它新的视角、突破性的理念。马云说道："如果银行不改变，我们就改变银行，我坚信一点，3 年以后的今天谈论中小企业的贷款银行，像马行长讲的，3 年以后，这个国家、这个世界将会有更加完善的贷款体系给中小企业。以前只能听'今后可能会变成现实'，我相信这个建设的机制会更加好。"

鼓励人才流动

在阿里巴巴，马云鼓励人才流动，而且是强制性流动。比如，阿里巴巴每年都实行轮岗制度。业务经理定期在全国城市之间大调动。让他们调换眼光，这是培育拥抱变化能力的措施之一。

在阿里巴巴，员工的平均年龄只有 26 岁。马云希望每个在阿里巴巴工作过的人，都能植入阿里巴巴的DNA，将来即使离开公司也是个优秀的人才，将阿里巴巴的DNA复制并传播出去，并为曾经身为阿里人而自豪。

在阿里巴巴的企业内部，机构变化、人员变化、职务变化、工作变化几乎月月年年都在发生。而正是因为这个宗旨，阿里巴巴才能在风云变幻的IT业里游刃有余地生存。而这个智慧随着阿里巴巴影响力和知名度的不断提升，也在被越来越多的企业和企业家所学习。"唯一不变的是变化"这是马云作为一个企业家，所总结出来的最大智慧之一。在阿里巴巴，它不仅仅是一个口号、一个原则，更是企业发展的宗旨。马云表示："唯一不变的是变化，面对他人的质疑，行动才是最好的决策。"

马云认为，除了梦想之外，唯一不变的是变化！这是个高速变化的世界，阿里巴巴的产业在变，阿里巴巴所处的环境在变，阿里巴巴自己在变，阿里巴巴的对手也在变……阿里巴巴周围的一切全在变化之中！

对于传统行业如何面对这个瞬息万变的互联时代，马云强调："本质上说，要用互联网的思想和技术改变自己的企业生态，再造企业流程，彻底迎合客户需求。""第一，要为未来而变；第二，为变化而变化，因为变化一定会到来。所以我相信未来，相信年轻人。"

马云说："所以我们公司比别人更多地想未来，并不是因为我们钱多。变局下如何才能有这格局？只有认真想清楚10年以后会成为什么样子，今天就努力去解决，10年以后才会有收获，这也是阿里巴巴的战略。"

第三章

逆境情商：
做内心强大的自己

第一节　用左手温暖右手

培训咨询专家保罗·斯托茨博士发明了一项指标 AQ（Adversity Quotient），即逆境情商，用以测试人们将不利局面转化为有利条件的能力。斯托茨博士指出，应对逆境的能力可以分解为四个关键因素——控制、归属、延伸和忍耐。他进一步解释说，控制就是认清自己改变局面的能力；归属是指承担后果的能力；延伸是对问题大小及其对工作生活其他方面影响的评估；忍耐是指认识到问题的持久性，以及它对你的影响会持续多长时间。要调整好这四个关键因素，就要对每个问题都进行这样的思考：这个问题导致的今后两天必然发生的结果是什么？对于这些必然结果，你最有可能改变的（即使部分改变）是哪些？怎样做能防止问题的扩散？有什么迹象表明问题的后果会持续很长时间？这样一份在脑子里形成的清单可以使我们在问题发生后减少恐慌，并帮助我们确定轻重缓急。

综观马云的创业人生，总有许多东西让人感到心酸、心寒，但最终会被他深深地感染、感动。这个男人，受了太多的委屈，经受朋友的误解，遭受小人的欺骗，忍受"骗子"的骂名，但他没有流过一滴眼泪；他遇到了太多的倒霉事，但他只能用"左手温暖右手"。要懂得左手温暖右手，要懂得把痛苦当做快乐，去欣赏、去体会，这样才会成功。害怕困难是人的本性。创业过程中，困难是非常多的。马云认为创业者应该期待未来的路上有更多的磨难，这样才可以帮助创业者迅速成长，更快地成功。马云所说的就是逆商。

对于逆商，新东方董事长俞敏洪的解释中不乏对好友马云的调侃，他这样说道："逆商就是面对生活中的苦难、灾难、不幸、挫折，你所采取的是积极的态度还是消极的态度，一个有逆商的人会把困难看作是老天对自己的考验。挫折感，我们生命中永远会有这样的东西，关键就看你面对这样的东西有没有逆商。有的人被一棍子打下去再也起不来了，但有逆商的人，即使在黑暗中也不绝望，因为他在黑暗中能看到满天的繁星。我算是一个逆商不错的人，从小就在农村长大，吃苦耐劳早就变成了我生命的一部分。同学们，逆商是什么？我有一个定义叫做爬起来的速度比摔倒的速度还要快。如果你摔倒了以后爬不起来，那就是一条虫，但是你爬起来的速度比摔倒的速度快，你永远是顶天立地的男子汉，永远就是站在天地之间的一个人，天地之间人为大。你如果站不起来，就永远是躺在天地之间的一个失败者。

"有同学问我说：'俞老师，你看我长得这个样子，我怎么样能够成功？'我说：'邓小平同志长得好看吗？邓小平不是好看不好看的问题，是充满气质、充满风度、充满气概、充满英雄的感觉，明白这个意思吗？伟大领袖啊。'中国企业家中有个马云，长得好看吗？我们把马云叫做外星人，他照样取得了巨大成就，当然这个话并不意味着长得英俊好看的就不能成事。比如说百度的老总叫什么？对，女孩子说得最快，李彦宏。他长得英俊，所以很受女孩子关注。比如有一拨女记者在采访我跟马云，这时候李彦宏走进了采访室，女记者哗啦一下就跑他那儿去了，我身边还能留下两个，马云身边是一个都没有了。但你看马云多有魅力，也是一个充满了领袖魅力的人物。在中国企业家中间，我还有一个比较佩服的人是史玉柱。当初巨人集团整个公司都倒闭了，欠了好几亿的债，他到处东躲西藏。最后想想藏不是办法，还得再起来继续做一个事业把钱还掉。最后他站起来了，从脑黄金、脑白金做起，又做了游戏公司，然后上市。一个已经被追到了神经崩溃状态的男人，最后又重新挺立在中国企业家的舞台上，这是伟大的。史玉柱充满了逆商，能够顶天立地地站起来的精神，这是我佩服他的原因之一。刚才我讲到的侯斌，残奥会上，最后跳出了一米九五的高度，我们两条腿也跳不了这么高。他为什么能够做到？也是逆商起的作用。所以面对艰难困苦如何站起来的能力，最终决定了你是否能够有所成就。"

当团队遇到困难时，当没有能力给员工以物质激励的时候，马云所能做的只能是用"左手温暖右手"。"左手温暖右手"实际上也是一种"苦中作乐"。

湖畔花园风荷院16幢1单元202号，已经被载入阿里巴巴的史册，在这里诞生了阿里巴巴也诞生了淘宝。

湖畔花园只是杭州的一个普通的居民小区，是马云的家，还未来得及住就被拿来当做阿里巴巴的办公地点。

关于当初湖畔花园的工作环境，《福布斯》杂志曾有过这样的描写："20个客户服务人员挤在客厅里办公，马云和财务及市场人员在其中一间卧室，25个网站维护及其他人员在另一间卧室……像所有好的创业家一样，马云知道怎样用有限的种子资金坚持更长的时间。"

《亚洲华尔街日报》的总编这样写道："没日没夜的工作，屋子的地上有一个睡袋，谁累了就钻进去睡一会儿。"

　　在马云领导"十八罗汉"创业的动员大会上，还有一个细节或者说是小花絮是值得一提的。在开会的过程中，马云家里的墙壁突然渗水了。马云对大家说："我出去找点材料。"过一会儿，他抱了一大卷旧报纸回来，然后大家一起把它们贴在墙上，就这样开始了公司创业的第一天。据说，后来为了保持统一，马云把报纸作为大部分房间的装饰。

　　当时的杭州还经常停电，"我们6个人在网上工作，一下子跳闸了，停电了，回过身来就开始在小板凳上打扑克"。彭蕾等人的职责是按类型发布商业信息，但是他们也很难找到一个科学的归类标准，就不停地调来调去，当时他们把这种工作称为"挑毛线"："那个工作现在想起来是很乏味的，但那时可以做得津津有味。"

　　每到周末，他们还会跑到马云家聚餐："我们做一堆好吃的，还一起看鬼片，看《午夜凶铃》，看着看着电话还真响了。"

　　对于所有创业者而言，活下来是第一位，然后才谈得上发展。

　　"100个人创业，其中有95个人连怎么死的都不知道，没有听见声音就掉进了悬崖；还有4个人你只听到一声惨叫，也掉下去了；剩下一个可能不知道为什么还活着，但也不知道明天还活不活得下来。"

　　在互联网的严冬，在阿里巴巴最危险的时刻，资金快花完了，风险投资不投了，赢利模式没找到，周围网站纷纷倒闭，马云没有放弃。

　　"如果你在创业第一天就说，我是来享受痛苦的，那么你就会变得很开心。我1992年做销售的时候，我说创业的乐观主义很重要，销售十次，十次为零，出去以后，果然是零，说得真对，要鼓励一下自己。"

　　面对各种无法控制的变化，真正的创业者必须懂得用乐观和主动的心态去拥抱困难。当然变化往往是痛苦的，但机会却往往在适应变化的痛苦中获得。

"这么多年来，我已经经历了很多的痛苦，所以我也不在乎后面更多的灾难，反正来一个我灭一个。"

"用左手温暖右手"是创业者必须具备的一种心态，要学会自己保护自己，尽自己所能去面对创业中的种种艰难。

在困难的时候，你要学会用自己的左手温暖右手。你在开心的时候，把开心带给别人，当你不开心的时候，别人才会把开心带给你。开心快乐是一种投资，你开心就要和别人分享，然后有一天别人会回报予你。

年轻人最重要的，是能承受住一切打击，抗打击能力最重要。有些年轻人智商很高，但情商很低，意志力很差，一遇打击就垮掉，这不会成大事。

马云这样说："我不认为自己现在是成功的，但我坚信一点——如果我在拳台上和泰森打，我肯定会被他一次次击倒。除非他把我打死，否则我还会爬起来，再打，再被击倒，再爬起来，再打。他最终会被我的意志所折服。"

"30多年走下来，每一个灾难，都是这样熬过去的。"

在互联网的漫漫严冬，中国许多网站都改弦易辙了，他们放弃了.com，只有阿里巴巴还坚守这个阵地。

在阿里巴巴的创业过程中，马云曾经承受了别人难以想象的巨大压力。公司岌岌可危，几乎所有的人都在质疑他的模式，国内不看好他，华尔街也不看好他。在中国互联网界，马云是被质疑、攻击、辱骂最多的一个，但马云却不在乎。

马云说："我就怕说我好，说我不好没关系，我脸皮很厚。如果说我好就糟糕了，说我不好倒没事，这两年一直被人家说不好，所以习惯了。我是外练一层皮，内练一口气。我就是厚脸皮，别人怎样骂你，你也要厚着脸皮不理会。"

马云就是在骂声和质疑声中成长起来的创业教父。"有时候不被人看好是一种福气，正因为没有被人看好，大家都没有杀进来，如果好的话肯定不属于马云，所有好的东西都可能轮不到我了。"

马云认为，创业者要知道这样一种境界："创业的过程是痛苦的，你要在不断地克服一个又一个的困难之后，才能获得更大的成功。百年以后，当你的生命快要结束时，你会觉得很快乐：这一生，我奋斗过了，我得到了快乐。从创业的第一天起，任何一个创业者都要有这样的心理准备：每天要思考自己未来的 10 年、20 年要面对什么。要记住，你现在碰到的倒霉事，在这几十年遇到的困难中，不过是很小的一部分。"

第二节　没有什么值得抱怨

抱怨就是将焦点放在我们不想要的东西上头，所谈论的都是负面的、出错的事情，而我们将注意力放在什么上头，那个东西就会扩大。

其实，牢骚也好，抱怨也罢，都是因为持有的心态不对，看问题的角度不对。

有一位日本的年轻人是一家保险公司的推销员，虽然工作勤奋，但收入少得甚至租不起房子。每天还要看尽人们的脸色。

一天，他来到一家寺庙向住持介绍投保的好处。老和尚很有耐心地听他把话讲完，然后平静地说："听完你的介绍之后，丝毫引不起我投保的意愿。人与人之间，相对而坐的时候，一定要具备一种强烈吸引对方的魅力，如果你做不到这一点，将来就不会有什么前途可言。"

年轻人从寺庙里出来，一路上思索着老和尚的话若有所悟。接下来的日子，他常常请同事或客户吃饭，目的是让他们指出自己的缺点。

"你的个性太急躁了，常常沉不住气……"

"你有些自以为是，往往听不进别人的意见。"

"你面对的是形形色色的人，必须要有丰富的知识，所以必须加强进修，以便很快与客户找到共同的话题，拉近彼此之间的距离。"

年轻人把这些可贵的逆耳忠言一一记录下来。每一次"批评会"后，他都有被剥了一层皮的感觉。通过一次次的"批评会"，他把自己身上那一层又一层的"劣皮"一点点剥掉。

从此，年轻人开始像一只成长的蚕，随着时光的流逝悄悄地变化着。到了1939年，他的销售业绩荣膺全日本之最，并从1948年起，连续15年保持全日本销售量第一的好成绩。

1968年，他成了美国百万圆桌会议的终身会员。

这个人就是被日本国民誉为"练出价值百万美元笑容的小个子"、美国著名作家奥格·曼玫诺称之为"世界上最伟大的推销员"的推销大师原一平。

曾经就读于北京大学，国际教育机构新东方的创立者俞敏洪曾经就公平问题做出过这样的论述："世界上没有绝对的公平，公平只在一个点上。心中平，世界才会平。"的确，日常生活中，每个人的心理多多少少都会有一些不平衡。别人有份又轻松工资又较高的工作，我没有；别人有房、有车，我没有；别人有个非常有钱的爸爸，我没有……

当然，这样不平衡的心理会衍生出很多事物，比如，有些人为了追求公平，能够做到不昧良知、不损害别人，自觉接受道德的约束，通过自己的努力去实现人生的自我价值；而有些人却是另一番嘴脸，这些人一味地怨天尤人，自己不努力，反而怪罪别人，甚至是为了达到自己的目的而不择手段。

俞敏洪就曾这样说道："谁说'机会面前，人人平等'？我相信，个人奋斗制胜，攫取成功的精神财产将永远贫富不均。"诚然，由于利益的关系，世界上产生不公平也实属正常，但是面对不公平，我们当真不应该有太多的抱怨、愤慨、不满，因为这样只能让自己停留在原地，而不是脚踏实地地奋斗去改变不公平的现状。所以说，面对不公平真正应该做的是培养一种不抱怨、不气馁的情商，脚踏实地地为理想奋斗，这样才能离成功越来越近。

马云表示："不是每个 60 后的人都会成功的，但是有人会成功，谁会成功？你勤奋、你执着、你完善自己、你改变、去完善自己去完善社会这样的人会成功。我不是一个（相信）成功学的人，我不喜欢看成功学，我只看别人怎么失败，从别人的失败里反思什么事情我不该做，从别人的成功里也会反思，他为什么成功？我要学他的成功还是学他的精神？

"所以没有什么抱怨的，坦荡地看自己。刚才有同学说做自己，怎么做自己？我们问自己这些问题，我有什么？我要什么？我愿意放弃什么？我们人生到这一世，不是来创业的，不是来做事业的，我们是来体验生活的。世界本来就是不公平的，怎么可能公平？你出生在农村，盖茨的孩子出生在叫盖茨的家里面，能比吗？但是有一点是公平的，比尔·盖茨一天 24 小时，你一天也是 24 小时。这 24 小时有 3 个 8 小时，8 小时你在路上走，在挤公共汽车的时候，你根本不知道自己在干什么，这时候需要好的朋友。还有 8 小时你睡在床上不知道干什么，你这个时候需要自己有一个张床，床上有一个好的人。还有一个 8 小时你知道自己在干什么，那就是工作。假如你工作是不开心的，你做的事情是你不爽的你可以换，千万别做了份让你讨厌的工作，我觉得这是没有意义的。（就像）娶了老婆天天骂老婆又不离婚什么意思？对不对？

"所以我想每个人要清楚，世界不公平，你如果想改变它，第一告诉你不可能，第二去从政去，也不可能。只是人可以不一样，出生的条件不一样，但人是可以幸福的。幸福是自己去找的。我对民工很尊重。到城市里打工就是创业者，对我来说没有区别。只是我路过了那条他们走的那条路，每次走过工棚发现他们的笑声，我进去发现他们在打牌，两三块钱的赌注，每个人都很开心。

"幸福是自己找出来的，今天中国经济的高速发展，但是我们的价值体系，我们的文化体系受到了摧毁，最早新文化运动摧毁了旧文化，但没有建设新文化，'文化大革命'又把我们很多价值体系搞乱了，我并不完全同意中国不是法制社会，好像有了一套法律我们就能解决这些问题，不是那回事。

"美国发展是因为法制吗？某个人漂亮是因为鼻子漂亮？不对。大家记住美国社会的发展它是基于基督教文化的，在基督教文化上面建立法律体系，在这个法律体系建立政治体系，在这个上面建立起他们的领导人的选举体系，整个体系比你想的复杂得多。这仅仅是简简单单的一部分，假如我们今天这个价值文化体系被摧毁，随便拿一点价值体系，等于沙滩上建楼，建不起来。

"我们需要重新找回价值体系，让年轻人明白不要怪人家富、怪人家有钱，而是我要如何改变自己，我对社会有贡献，我寻找快乐寻找幸福感。创业不会给你带来幸福感，会给你带来快感，但快感的背后会带来很多痛苦，而真正的幸福感是你知道自己在做什么，知道给别人做什么，你会逐渐从痛苦中找到那些快乐。

"我坚定不移地相信你们（80后与90后）会为我们、为这个国家、为中国找回价值体系，而这才是中国真正腾飞的时代。永远是如此，一代胜过一代，而最最高兴和骄傲的事，是我从你们眼光里看到了希望。

"所以今天请大家不要抱怨，如果你想成功，看任何问题都要积极乐观地看，这个时代还不是你的，你们有权利抱怨，但你们没有资格抱怨，等你们四五十岁的时候，你们有资格抱怨但你没有权利抱怨，你必须把它干好，今天你没有坐到那个位置，20年以后别轮到我们抱怨你们，你们当年吹得很牛，现在轮到你们干你们试试看。所以20年以后中国是你们的，毛主席说'世界是年轻人的'。我今天觉得他讲得太对了，一定是你们的，你们没坐到那个位子的时候，你不知道那个位子有多么的痛苦。"

第三节　成功是熬出来的

情商包含了自制、热忱、坚持，以及自我驱动、自我鞭策的能力，失败后能重新崛起。情商高的人无论遇到何等逆境，都会坚持下去，迅速调整情绪，恢复活力，具有很强的心理韧性。

1960 年，著名心理学家瓦特·米歇尔在斯坦福大学的幼儿园做了一个"软糖实验"。他召集了一群 4 岁的小孩，每人面前放了一颗软糖，对他们说，小朋友们，老师要出去一会儿，你们面前的软糖不要吃。如果你控制住自己不吃这颗软糖，老师回来会再奖励你一颗软糖。他出去后和很多人在外面窥视，这群 4 岁的小孩看着软糖，诱惑，甜啊。有的小孩过一段时间手伸出去了，缩回来，又伸出去了，又缩回来。过了一会儿，有的小孩开始吃了，但是有相当多的小孩坚持下来了。他回来后，就给坚持住没吃软糖的小孩再奖励一颗。这些小孩凭什么能坚持下来呢？通过观察发现，有的小孩数自己的手指头，不去看软糖；有的把脑袋放在手臂上，努力使自己睡觉；有的数数，一二三四，不去看。多年来，米歇尔继续跟踪观察这些小孩到上小学、初中，发现能控制住自己不去吃软糖的小孩上了初中后，大多数表现比较好，成绩、合作精神都比较好，有毅力，而控制不住自己的，克服不了困难的表现不好。不光是读初中的时候，走上社会后的表现也是如此。

成功与克服困难相关联，而克服困难又与毅力相关联。因而毅力也就被评为创业者的十大素质之一。在马云看来，每个人在一生中走的路上每天会碰上很多事情。

"我 1995 年创办黄页，然后又开始创业做阿里巴巴，我觉得自己反正已经倒霉，这个不成，那个也不成，反正再做十年倒霉也无所谓了，毅力很重要。""永远不要跟别人比幸运，我从来没想过我比别人幸运，我也许比他们更有毅力，在最困难的时候，他们熬不住了，我可以多熬一秒钟、两秒钟。"

面对困境，中小型企业应该如何生存，马云的回答仍然是"熬出成功"。"第一你相信你能成活，第二你要相信有坚强的存活毅力。阿里巴巴跟任何中小企业一样，在 1999 年、2000 年、2001 年也面临发不出工资，我们没有收入，我们要活下去，所有人倒下来了，我们半跪了也要坚持，坚持到底就是胜利，让自己做一个最后倒下的人。"

人贵在坚持，在困难和挫折面前，坚持需要意志，需要毅力。许多人在开创自己的事业时，都跌倒在失败的深渊里，从此一蹶不振。马云这样说："每次打击，只要你扛过来了，就会变得更加坚强。我又想，通常期望越高，结果失望越大，所以我总是想明天肯定会倒霉，一定会有更倒霉的事情发生，那么明天真的有打击来了，我就不会害怕了。你除了重重地打击我，又能怎样？来吧，我都扛得住。抗打击能力强了，真正的信心也就有了。"

正是基于上面的理解，马云对毅力的概念也就显得与众不同。"创业者要有毅力，没有毅力做不好，从我自己的经验来看，我每次创业的时候，有一个美好设想的过程，但是往往你走到那儿它不一定美好，所以你要告诉自己，自己走的路上面每天碰上的事情特别多。我1995年创办黄页，然后又开始创业做阿里巴巴，我觉得自己反正已经倒霉，这个不成，那个也不成，反正再做十年倒霉也无所谓了，毅力很重要。

"所谓的毅力就是你期望的最好是失败，你不要寄希望于自己成功，这个可能跟大家的想法都不一样，我觉得对我来讲从第一天创业到现在为止，我经常提醒自己这句话，就是我创业为了经历，而不是为了结果，人结果都是差不多，都是去一个地方，就是火葬场。"

一个人一辈子就是为了失败和成功，所以失败和成功都不是偶然，而是点点滴滴积累而来。

在创建阿里巴巴时，马云经历了很多困难，克服了很多困难，他认为困难是靠自己走过来的。没有自己经历过困难的人，都不会克服更多的困难。马云表示："创业的过程是痛苦的，你要不断地克服一个又一个的困难，获得更大的成功；百年以后，当你死的时候，你会觉得很快乐：人的一生，我奋斗过了，我得到了快乐。从创业的第一天起，任何一个创业者都要有这个心理准备：每天要思考自己未来的10年、20年要面对什么。要记住，你碰到的倒霉的事情，在这几十年遇到的困难中，只不过是很小的一部分。"

马云认为，外人看到的往往都是企业家光辉灿烂的时候，其实他们在创业的过程中付出了很大的代价。"我们所经历的，大家看到辉煌的一面只占20%，艰难的一面达80%，五六年以来我们都是一路挫折走过来，没有辉煌的过去可谈。每一天每一个步骤、每一个决定都是很艰难的。""100人创业，95人死掉，声音都听不到，甚至连'哎呀'一声都没听到就死了，还有的是死死拽住山头然后掉下去，只有1个人可以摇摇晃晃地走过去。""创业会经历各种各样的困难，所以要在心理上准备好。在创业之前有没有足够的抗打击能力、抗失败能力、承受各种挫折和委屈的能力，只看到光明的未来，还是不要开始的好。"

2001 年互联网的"寒冬"时，美国纳斯达克市场的持续下跌，全球网络泡沫的逐渐破灭，国内大批的 IT 企业都倒下去了，国际上很多知名企业也遭遇了很大的打击。然而，阿里巴巴这个"年幼体薄"的"孩子"却以"活下去"、"盈利 1 元钱"为目标撑了下来。马云说："我在遇到苦难的时候做的事情就是拿起自己的左手握住自己的右手，给自己一点温暖，给自己一点鼓励，还有就是永不言弃！"

面对困难，马云看得很开，他认为创业就像人生一样，最重要的是你经历了什么，而不是获得了什么。"人生是一种经历。成功是在于你克服了多少（困难），经历了多少灾难，而不是取得了什么结果。我希望等我七八十岁的时候，我跟我孙子说的是，你爷爷这辈子经历了多少，而不是取得了多少。"

"这么多年来，我已经经历了很多的痛苦，既然已经经历了这么多的痛苦了，我就不在乎后面更多的痛苦，反正来一个我灭一个。这是一种心态，如果有一个好事的话，我就不会这么开心，有这个经历我的心态就会很平衡。"

正如松下幸之助所言：人的一生，或多或少，总是难免有浮沉，不会永远如旭日东升，也不会永远痛苦潦倒。反复地一浮一沉，对于一个人来说，正是磨练。因此，浮在上面的，不必骄傲，沉在底下的，更不用悲观，必须以率直、谦虚的态度，乐观地向前迈进。马云表示："就是越困难的时候，越要说我往前。大家都很困难的时候，你就要再往前熬一熬，再熬半天就熬过了，熬过了之后路就开了。"

第四节　胸怀是委屈撑大的

"紫罗兰把香气留在踩它的人的脚上，这就是宽容。"这句名言出自美国著名作家马克·吐温，他用生动而形象的语言巧妙地揭示了宽容的内涵。

宽容，用马云式的语言来解释，那就是男人的胸怀是委屈撑大的。在马云看来，男人的胸怀是被委屈撑大的，有多大的胸怀，就做多大的事业！男人需要胸怀，女人也需要胸怀，男人的胸怀是气出来的，是被冤枉出来的。他还认为好的领导者应该有三个关键：眼光、胸怀和实力。要把复杂的事情简单化，要用胸怀去对付。马云表示："领导者一定要有胸怀，我常说，男人的胸怀是被冤枉大的，领导人不要怕被冤枉。阿里巴巴的员工平均年龄27岁，应该都很聪明。但我们都知道和聪明的人共事不容易，领导者的胸怀此时便很重要。""你不懂，没关系，你尊重懂的人，十个有才华的人有九个是古怪的，总认为自己是最好的，你要去包容他们。男人的胸怀是被冤枉撑大的，越撑越大，人家气死你就不气。"

马云相信下面的人比自己强，"我的工作就是水泥，我什么都不懂，就是把这些人黏在一起，每个人发挥好"。但同时，他却拥有"外行是可以领导内行"的自信，"因为我不懂，所以我永远不会跟技术人员吵架"。

拥有宽容胸怀，也就可以尊重不同意见的人，容得企业里有各种不同的声音，这样才能"百花齐放"，使企业里有更多的创新。

马云说道："今天我唯一可能拥有的长处，就是我比大家容纳得多一点。"

"像周总理每天日理万机，他不可能每天跟人解释，只能干，用胸怀跟人解释。每个人的胸怀是靠冤枉撑大的。"

"我发现有些男人特别逗，为了一点点小事坐在那边闷生气，我说发生什么事了，他说完，我说哎呀就这点事，所以他冤枉吃得不够多，所以有眼光没有胸怀是会死得很惨的。《三国演义》那个周瑜就这样，眼光很好，心胸狭窄，给气死了，其实不是给诸葛亮气死的，他自己气死的。还有实力，你一次一次地失败，一次次地被打倒再起来再打倒再起来再打倒，这时候你才会有实力，所以我跟你讲，打架最怕的是什么，不是他出拳准出拳狠，是你打在他身上他一点反应也没有，'咣、咣、咣'三拳，他说你还有没有了，这下你是彻底滑下了，这叫实力，所以一个领导者能够眼光比人好，胸怀比人大，实力坚强的时候你可以和任何人合作。"

当淘宝商城事件发生时，马云正好在美国访问，突如其来的变故，即便是心理素质超强的马云，第一反应仍是伤心和难过。但他表现出良好的控制力，第一时间在微博上发出："今天在中国，做商人难，做诚信商人更难，建立商业信任体系难上加难。但选择了就必须去做！"火速回国后，他开诚布公地与媒体进行沟通，面对冲突，他寻找企业自身原因，做出妥协和让步，目的是让事态尽快缓和下来，找出各方均能接受的解决办法。随后，他发表公开信，进一步与员工和客户进行沟通，消除冲突留下的阴影，表现出其超强的忍耐力和突破逆境的情商。

一个男人，没有受过委屈，你很难去说他胸怀怎样。因为，胸怀的度量标准应该很多是在一个男人面临困境时的表现。你遇到挫折了，你被击败了，对手攻击你了，被人误解了，在这些情况下，你的面对、你的选择、你的坚定，才能展示出一个男人的胸怀与度量。马云表示："委屈再大莫过于《天龙八部》中的乔峰，冤枉再大莫过于《笑傲江湖》中的令狐冲。"

在马云的经历中，也许胸怀里面包涵着"授权、担当、责任、使命"等与企业相关的信息，这些品质所铸就的胸怀，很可能来自于创业的"艰难、挫折、失败、打击、误解、两难"等等的磨砺。

对于一些社会现象，马云也表达了社会需要宽容的观点。阿里巴巴在杭州举办慈善捐助活动，原定嘉宾文章临时缺席。马云呼吁大家对他多一些宽容。对于文章出轨事件，马云致辞不避敏感话题，主动提及文章："文章犯了男人都会犯的错。"听到现场哄笑声，马云打趣说，取笑文章的人，也许会犯同样的错。他还说，希望大家多一些宽容，"我们要有宽容之心，不要因为他犯的错，而抹杀文章对公益的贡献，我们给文胖子一点掌声，不要让文胖子变成自闭症而出不了门"。

张艺谋超生被罚 748 万元，但这件事却并没画上句号，因为马云的掺和，民众的议论也掀起新的热浪。马云称："法不该宽容，但人必须得有宽容之情和谅解之心。"马云呼吁大家放过张艺谋：张艺谋是名人，但他也是一个普通的男人，一个父亲。喜爱孩子，想有多几个孩子这是很多父母的真实想法，无可厚非。超生是个错，但不是犯罪，他道歉了，罚款了。任何一个父亲都会为孩子忍受屈辱，但我们不能让一个父亲失去尊严。"人性是软弱的，所以要有法。而法不是万能的！人性决定当今世界任何人很难经历法规和道德的审查，只是你以为你干净而已。这也是我们所处时代的尴尬局面。法本无情，但人必须有情。法不该宽容，但人必须得有宽容之情和谅解之心。"他还表示，"有朋友打电话劝我别惹张艺谋的事，会惹祸上身。呵呵，其实我和张艺谋只在活动上见过两次，称不上是朋友，连熟人都可能算不上，而且他的许多作品我也未必欣赏得了。我不是替张艺谋说话，我没能力帮他处理麻烦，我也希望他尽快交罚款了结此事。尽管罚款那么多，但这是名人的代价。"

第四章

学会管理自己的情绪

第一节　不做极端情绪的奴隶

　　自柏拉图时代以来，自制克己，面对命运之神的打击，安然经受住情绪的风暴，避免沦为"激情的奴隶"，一直被认为是一种美德。罗马与早期的基督教会则称之为"节制"，意指避免任何过度的情绪反应。其中的关键是均衡而不是情感的压抑，要知道任何一种情感反应都有其意义与价值。人生如果没有激情将成为荒原，失去生命本身的丰富价值。然而正如亚里士多德所说的，我们需要的是恰当的情绪，对环境恰如其分的感知。情绪过于模糊，就会产生乏味隔离；情绪失去控制，过于极端，持续时间过长，就会变成一种病态，比如常态性抑郁、过度焦虑和愤怒，以及躁狂症等。

　　对于高"情商"的人来说，真正的成功是不论处于逆境还是顺境，都能保持情绪平静和快乐，而常人所见的成功（诸如事业成功、学业成功、婚姻成功、人际交往成功等等）不过是他们生活成功的副产品。高"情商"强调驾驭自己，控制情绪对认识的作用，运用思想对情感的作用，从而协调二者的关系以争取成功。这是一种很深刻的智慧。而"智商"却仅仅强调单一的智力活动，割断了理智与情感的关系，因而难于获得成功。

让我们看一则经典的情绪事件——EMC 大中华区总裁和他的秘书。

有一天，EMC 大中华区总裁陆纯初忘了带办公室钥匙，但他的高级秘书瑞贝卡没有在下班后回来帮他开门，让这位总裁吃了闭门羹。因而秘书瑞贝卡在凌晨收到了顶头上司陆纯初措辞严厉的谴责邮件。

陆纯初在用英文写的邮件中说："我曾告诉过你，想东西、做事情不要想当然！结果今天晚上你就把我锁在门外，我要取的东西都还在办公室里。问题在于你自以为是地认为我随身带了钥匙。从现在起，无论是午餐时段还是晚上下班后，你要跟你服务的每一名经理都确认无事后才能离开办公室，明白了吗？"

虽然人在公司屋檐下，瑞贝卡的与众不同之处就在于，她并没有像绝大多数下属那样选择当面低头、背后发牢骚的做法，而是在两天后出人意料、语气强硬地给上司回信声明。于是，一场下属 PK 上司的好戏上演了。

如果你是瑞贝卡，你会怎么做呢？

让我们看看瑞贝卡的回信。

秘书瑞贝卡在邮件中回复说："首先，我做这件事是完全正确的，我锁门是从安全角度上考虑的，如果一旦丢了东西，我无法承担这个责任。其次，你有钥匙，你自己忘了带，还要说别人不对，请不要把自己的错误转移到别人的身上。第三，你无权干涉和控制我的私人时间，我一天就 8 小时工作时间，请你记住，中午和晚上下班的时间都是我的私人时间。第四，从到EMC 的第一天到现在为止，我工作尽职尽责，也加过很多次的班，我也没有任何怨言，但是如果你们要求我加班是为了工作以外的事情，我无法做到。第五，虽然咱们是上下级的关系，也请你注重一下你说话的语气，这是做人最基本的礼貌问题。第六，我要在这里强调一下，我并没有猜想或者假定什么，因为我没有这个时间也没有这个必要。"

这封咄咄逼人的回信已经够令人吃惊了，但是瑞贝卡选择了更加过火的做法——回信的对象选择了 EMC 中国公司的所有人。之后两星期，这封信被无数次转发，并为她在网络上赢得了"史上最牛女秘书"的称号。邮件被转发出 EMC 不久，陆纯初就更换了秘书，瑞贝卡也离开了公司，EMC 内部对此事噤若寒蝉。

这件事情后来在互联网上掀起了大讨论。其实，这是一个典型的情绪事件，如果能管理好情绪，这本是件很容易处理的事情。

人都是情感动物，老板也有情感。沟通一定要主动，不一定非要在工作时，还可以在非工作场合进行沟通，如在郊游时、在生日会上，这样好多问题都会迎刃而解。秘书瑞贝卡如果改变自己的认知，就会觉得总裁陆纯初的做法也是正常的。工作中的特殊情况（如突发事件）应该特殊对待。

南京的一位单亲父亲，失手打死了年仅 13 岁的叛逆女儿。

事发当天，父亲郑某提前买菜在家中做好晚饭，准备等女儿倩倩回来共进晚餐。由于等待太久，郑某一个人喝起了闷酒，女儿回家后他便想教训一下孩子，结果把女儿打得吐血倒地，急送医院抢救后不治身亡。

郑某离婚后一个人抚育孩子，与自己的父母兄弟关系不和，但几乎所有认识郑某的邻里都觉得，郑某的儿女心很重，很爱自己的女儿。不管刮风下雨，每天早晨 7 点多，郑某就会买好早饭，推着电动车送女儿上学。过年以后，为使女儿好好学习，郑某还辞掉了先前一份饭店的工作，专心在家照顾女儿。

可是，这么深爱自己孩子的父亲，怎么就打死了自己的女儿呢？这与这位父亲的极端情绪有着密切关系。[1]

从情绪的动力性来看，它有"增力"和"减力"两极。一般来说，需要得到满足时产生的积极情绪是"增力"的，可提高个体的活力；需要得不到满足时产生的消极情绪是"减力"的，会降低个体的活动能力。比如，父母期望孩子成才，一旦孩子表现有出息，如父母所愿，他们就会产生积极的、肯定的态度体验，为孩子再苦也觉得幸福；一旦孩子不争气，不如父母所愿，他们必然产生消极的、否定的态度体验，常常为孩子而忧心忡忡。

从情绪的组织功能来看，情绪具有积极情绪的协调作用和消极情绪的破坏、瓦解作用。当个体处在积极、乐观的情绪状态时，容易注意事物美好的一方面，愿意接纳、包容一切；当个体处于消极情绪状态时，容易失望、悲观，放弃自己的愿望，甚至产生攻击性行为。正如上文提到的那位父亲，一直处于消极情绪之中：离婚后一个人抚育孩子，与自己的父母兄弟关系不和，更主要的是他的孩子让人"不省心"。事发当天，他做好晚饭等孩子回家吃饭，孩子却"无缘无故"地晚归，这个心境极差的男人的极端情绪就被"引爆"了，结果酿成惨剧。

因此，要控制自己的情绪，不要做极端情绪的奴隶。经过 2011 年的备受争议和 2012 年的沉默不语，马云首次接受访问，谈论他的商业王国，他的孤独感，他的领导艺术，并对外界的众多质疑予以回应。

马云在生闷气。他坐在下面默默地听着台上对他的批评，周围都是他的同行和一些金融领域的工作人员。误解让他感到愤怒，如果可能，他可以为自己的举动一一辩解，说服在场的众人。但他只是沉默无言，他心高气傲，

---

[1]　极端情绪酿惨剧. 江苏教育新闻网，[2014-05-21]
　　http://www.jsennews.com/site/boot/newsmore-a 2014052167866.html

他雄辩无敌，他拥趸无数。他一手创办了中国最受人关注的互联网公司，但是他什么都不能做。

流言像插了翅膀一样在圈子内迅速流传，做第三方支付的、做电子商务的以及一部分所谓在圈子里的媒体人都知道了这一幕。因为这一场面后来被人在饭桌上、在喝酒时，以幸灾乐祸或深恶痛绝的口吻绘声绘色地反复描述：一名央行的工作人员当着大家的面质问马云，马云，我们什么时候要求你把支付宝的股权结构改为全内资？马云哑口无言，哑口无言，哑口无言……

哑口无言。这一场景似乎佐证了一些人对支付宝股权转移风波的判断：马云以满足央行监管需求，获取第三方支付牌照为名，巧妙地将孙正义和雅虎踢出支付宝，而将这家中国最大的第三方支付公司纳入自己囊中。

他无从辩解。尽管在很多人看来，他最擅长的事情之一就是去辩解。

后来，他讲述了其中经过，自然另有隐情。但是，"这些事情你能拿出去在媒体上讲，在公开场合讲？"他反问道。

这是在2011年，为了拿到央行的第三方支付牌照，马云果断地改变了支付宝的股权结构，然后开始了和软银与雅虎的补偿谈判。

马云气炸了。

白色衬衣、黑色牛仔裤，袖子半绾，面色疲倦。当着近百记者的面，他说，在我上台之前，有记者问我马云你在手上画什么，我的回答是，我在我的手上写了四五个"忍"字。"我的同事，他们知道我的脾气。他们很担心，说一会儿你千万别在记者面前乱发脾气……所以，我写了，要忍住，别发脾气。"

他没发脾气。①

----

① 马云"道德论"：所有男人想做的坏事，我都想做 [J]. 时尚先生，2013(1).

他说，这轮攻击触及了他的底线，甚至动摇了他曾经自信对人性善的理解。他并不掩饰自己的身心俱疲。

马云越来越沉默，但他的行动却越来越强而有力。

2012 年上半年，阿里集团与雅虎达成了股权回购协议，马云的一块心病终于去除了。2012 年 12 月，阿里对外宣布，截至 2012 年 11 月 30 日晚 9 点 50 分，阿里旗下的淘宝和天猫总交易额本年度突破 1 万亿元。

马云重回神坛。可就在此时，他宣布，不玩了。

2013 年 1 月 15 日，马云向员工发出邮件，宣布自 5 月 10 日起不再担任阿里巴巴集团 CEO 一职。

"阴和阳，物极必反，什么时候该收，什么时候该放，什么时候该化，什么时候该聚。"

马云说过，太极拳带给自己最大的是哲学上的思考。

什么时候放手？或许，这天早就在他的计划之中。

心理宣泄，即把愤怒发泄出来，有时被认为是处理愤怒的方法。流行的理论认为，"这会让你好受些"。不过心理学家兹尔曼的研究发现，心理宣泄没有效果。有关的研究始于 20 世纪 50 年代，当时的心理学家开始通过实验测试心理宣泄的效果，经过一次又一次的实验，他们发现让愤怒得到宣泄对平息愤怒几乎没有任何作用（当然，由于愤怒的诱惑本质，宣泄可以使人感到安全）。宣泄怒火在一些特定的条件下也许能起作用，比如直接对引起愤怒的目标当事人进行宣泄，宣泄的时候保持克制，或者宣泄对他人造成"恰当的伤害"，改变其恶劣行径，而且不引发报复。不过由于愤怒的煽动性，做起来要比说起来难得多。

可以说，宣泄愤怒是平息怒火最糟糕的方法之一。愤怒的爆发通常会唤起情绪脑，使人感到更加愤怒，而不是减轻愤怒。人们对触发他们怒火的人大肆发泄的时候，愤怒的连锁反应延长而不是终止了愤怒的情绪。更加有效的方式是首先冷静下来，然后用更有建设性或自信的口吻，与对方面对面地解决争端。佛教大师邱阳·创巴仁波切在回答怎样才能最好地处理愤怒时这样说："不要压制，但也不要放纵。"

马云曾说过："一个人的脾气、心胸和不理解、受冤枉、吃闷亏有关系。经历的（冤枉、闷亏）越多，你的脾气会越小，心胸会越大！"

第二节 思想乐观，情绪就积极

才貌双全的林黛玉，因其性格多愁善感、忧郁猜疑，最终积郁成疾，呕血身亡。三国时东吴的大都督周瑜，因为妒忌多疑、心胸狭窄，而被诸葛亮活活气死。与他们相反的是跨世纪的女作家冰心老人，一生淡泊名利，崇尚简朴，不奢求过高的物质享受，在和谐的环境中与人相处，在微笑中勤奋写作。她的健康长寿、事业辉煌主要得益于开朗、豁达的性格。

思想乐观，情绪也就积极了。丹尼尔·戈尔曼和被誉为"积极心理学之父"的马丁·塞利格曼强调，人不管是在处理消极情绪还是建立积极情绪上，思维方式很重要。

戈尔曼举了一些例子来说明。一些经常忧虑的人工作的时候，执行效果往往很差。因为在他们的思维里有个想法——"我做不好"或是"这件事不是我擅长的"。其实，这些人只要稍微加些技巧来减少他们的消极思想，如放松练习（可以减少身体对忧虑的反应度）、幽默疗法（愉悦的情绪可以活跃思维）、挑战性思考法（这种认知疗法可以促使我们重新去评估消极思想的弊处，从而代之以更平衡、更积极的思想）等，就可以很容易让他们重新工作，而且工作效率也会很高。

塞利格曼指出，人思考问题的方式会影响人的情绪（积极或是消极），我们有些人习惯性地带着悲观的思维方式，消极情绪也就随之产生，积极情绪自然只能退后。

尼克·胡哲（Nick Vujicic）生于澳大利亚，天生没有四肢，这种罕见的现象医学上取名"海豹肢症"，但更不可思议的是：骑马、打鼓、游泳、足球，尼克样样皆能，在他看来是没有难成的事。他拥有两个大学学位，是企业总监，更于 2005 年获得"杰出澳洲青年奖"。他为人乐观幽默、坚毅不屈，热爱鼓励身边的人。仅 32 岁（注：2014 年 32 岁），他已踏遍世界各地，接触逾百万人，激励和启发他们的人生。

在成长过程中，尼克学会了怎样应付自身的不足而且开始自己做越来越多的事情，他开始适应他的生存环境，找到方法完成其他人必须要用手足才可以完成的事情，像刷牙、洗头、打电脑、游泳、做运动和其他更多的事情。2005 年尼克被授予"澳大利亚年度青年"的荣誉称号，这是一项很大的荣誉。尼克鼓励每个人勇于面对并改变生活，开始完成人生梦想的征程。通过自己人生的点点滴滴、令人难以置信的幽默和与人们沟通的惊人能力，尼克深受孩子、少年和青年人的喜爱，尼克是真正的使人倍受鼓舞的演说家。

"我静下来，公司就会静下来。"当面对困境的时候，马云选择了去别的地方进行思考。马云说："过去的一年，你知道我在干什么？你不知道？太好啦！其实很多人，你们都知道，只是你们都没说。

"这一年（2012 年）整个集团的思想是修身养性。因为在经过 2011 年后我总结下来，假如我们不关心自己，不关心身边的人，不关心员工，你要想关心世界那是胡扯。还有，我们要让阿里人明白，我们要建立的是一个生态系统，而绝对不能建一个帝国系统。所谓养性，性命相关，性格和命运是相关的。所以，一个人的性格决定了这个人的命运能走多久，一个公司的性格也决定了一个公司能走多久。

"其实在2011年爆发一系列事情之前，所谓七记重拳之前，我就已经确定了这个方针。但是没想到，虽然确定了这个方针，但还是速度太慢。2010年的时候，我就已经有直觉。我的本能告诉我，再这样下去，一定会有问题。所以我们做了一系列的规划，比如拆分淘宝。尽管我觉得我们的速度已经够快了。但是，先是准备要拆淘宝，没想到跑出了个卫哲事件，"哐"就来了。尽快加快速度，非常之快，但还是出现了一连串事情。

"这一连串事情，让我要重新反思我们的生态系统，我们的内部生态系统和外部生态系统。尤其是我们内部的生态系统没建设好，要想建设外部的生态系统，是不可能的事情。另外，确实身心疲惫。从2011年年底到现在，身体非常疲惫。还有一些家里的事情，当然，传言说要闹离婚了，都是胡扯。

"现在我自己觉得，我静下来，公司就会静下来。慢慢去思考，有些问题在慢的时候反而会变得清晰。所谓你乱得越快，外面乱得越快，你静下来，外面自然也静下来。你门前的森林都已烧了，你是救这些森林，还是干脆在前面挖一道壕沟，烧到这儿之后，没了就没了。所以，我们大部分时间是在设计，5年以后该干什么。思考这些问题的时间多了一点。

"在互相不信任的时代，你解释得越多，就越糊涂。没有人会相信你。因为大家这时候似乎已经在表明：你做企业，你做商人，一定就是坏的，对吧？我是坏的，或者我见过的成功的人都是坏的，你说你是好的，你肯定是虚伪，你假。与其花时间去解释，还不如去思考该做些什么。但是原则不能变。我还是我。我们公司在做的所有事，方式方法都没有变，加快生态系统建设，加快自己公司开放透明。我们不能做到公平，但我们要做到公正。公平很难。公平不是我的职责，但公正是我的职责。

"所以这一年很多时间是用在这里。当然，这一年还有自己身体不好，还有家人，花了很多时间。这个我不方便透露，我也不想透露。我花了很多时间去陪家人。

"自己静下来，反而挺有意思。我前两天跟他们讲，你要想活得好，你得运动。你要想活得长，你得不运动。那你怎样能够既要活得长又要活得好，那就是慢中的运动和运动中的慢。太极拳就很有道理。一个企业也是这样。你要控制节奏。你懂得什么时候该动，什么时候不该动。"

一定要记住，不管在人生中遭受什么样的打击，不管你处在怎样的逆境，你都要保持一种必胜的信念，对前途充满信心；但是现实生活又是很复杂、很残酷的，你要能够直面它。这就是现实的乐观主义。

詹姆斯·斯托克代尔（James Stockdale）是名海军上将，在越南战争期间，是被俘的美军里级别最高的将领。但他没有得到越南的丝毫优待，被拷打了20多次，关押了长达8年。他说："我不知道自己能不能活着出去，还能不能见到自己的妻子和小孩。"但是他在监狱中表现得很坚强。

斯托克代尔被关押8年后被放了出来。管理大师吉姆·柯林斯先生去采访他，问："你为什么能熬过这艰难的8年？"斯托克代尔说："因为我有一个信念，相信自己一定能出来，一定能够再见到我的妻子和孩子，这个信念一直支撑着我，使我生存了下来。"

吉姆·柯林斯又问："那你的同伴中最快死去的又是哪些人呢？"他回答说："是那些太乐观的人。"

　　吉姆·柯林斯说这不是很矛盾吗？为什么那些乐观的人会死得很快呢？斯托克代尔说："他们总想着圣诞节可以被放出去了吧？圣诞节没被放出去；就想复活节可以被放出去，复活节没被放出去；就想着感恩节，而后又是圣诞节，结果一个失望接着一个失望，他们逐渐丧失了信心，再加上生存环境恶劣，于是，他们郁郁而终。"

　　斯托克代尔说："对长远我有一个很强的信念，相信自己一定能够活着出去，一定能再见到我的妻子和小孩；但是我又正视现实的残酷。"

　　这就是斯托克代尔悖论。

　　积极心理学之父马丁·塞利格曼（Martin Seligman）做了一些有关乐观主义和悲观主义的研究。他发现，就目标设定而言，悲观主义者不论在他们的短期目标还是长期目标上都很现实。乐观主义者与之相反，在他们的短期目标设定上并不现实，但对于他们的长期目标就很现实。

　　悲观主义者，他们有某个目标，他们的期望低，信念不高。他们不认为自己能做好，积极性低，他们的大脑寻求一致，他们的表现通常取决于他们的信念和期望，他们的理解是，我早跟你说了，我早就跟你说了我做不好，于是其他人都异口同声说是的，你早就跟我们这么说了，你这样现实真是好啊。但有时悲观主义者超出了自身的期望，取得了成功，那么又会怎么样呢？这时的解释是，低水平信念的解释就是，只是走运而已。于是，大脑在寻求一致，一次又一次地重复这个循环。然后再一次变得现实，不成功的现实，于是他们在短期目标上，同样也在长期目标上很现实。

　　乐观主义者一开始有着很高的信念，很高的期望，积极性非常高，他们的大脑寻求一致性表现，没期望中的那么好。换言之就是，不现实，但是由于信念水平很高，他们的解释，其主观的解释是："好吧，如果我从中吸取教训了会怎么样？这是个机会，我这次其实做得有进步了。"他们依然保持着很高的信念，很高的期望，积极性很高，大脑寻求积极性，他们的表现依然不好，没有他们所期望的那么好，不现实。但解释依然是，"如果我从中吸取教训了会怎么样？我这次做得好多了，我指出了哪些方法是不可行的"，然后他们继续，但外界的声音就会争吵说，"不是吧，真的吗，你为什么就不能现实点，像你的好兄弟或者好姐妹——悲观主义者——那样"。

但是他们相信他们能做到，于是一次又一次地继续坚持，继续努力工作，5次，10次，有时5000次，甚至10000次，久而久之，直到他们带来了"不现实的现实"并让它成真，和他们的信念相一致了，所以即使在短期看来，现实可能不一致。

爱迪生于19世纪70年代与科学界都在研究灯泡。如何用电发光，整个科学界都在研究这一课题，但一无所获，爱迪生也不例外。当地报纸的一名记者前去采访爱迪生，他当时已经非常有名了，发明了很多东西。他们谈了各种话题，然后开始讲灯泡问题，那个记者对爱迪生说："爱迪生先生，您致力于灯泡研究许多年了，整个科学界都在进行相同研究，但毫无所获。"当时爱迪生已经进行了5000次实验，这位记者也知道，于是他对爱迪生说，"爱迪生先生，您已经进行了5000次实验，失败了5000次，放弃吧。"爱迪生回答："我没有失败5000次，是成功了5000次，我成功证明了哪些方法行不通。"同样的客观现实，表现5000次失败，但却有完全不同的解读。爱迪生在发明灯泡前就宣布，他将在1879年12月31日，展示灯泡。1879年12月31日，爱迪生向世界展示了，用电发光。

事实上，爱迪生失败了不止5000次，最终发明了灯泡，他不是干坐在实验室说，"相信就能做到"，而是"我相信，而且我会加倍努力，满怀斗志地工作"，他的一条名言是"我从失败走向成功"。爱迪生是史上最富创造力、最多产的科学家，他一生申请了1097项专利，当今世界的发展，大半要归功于他。史上最成功最富创造力的科学家，也是失败次数最多的科学家，这并不是巧合。

不要让他人左右了你的情绪

爱因斯坦小时候是个十分贪玩的孩子，他的母亲常常为此忧心忡忡。母亲的再三告诫对他来说如同耳边风。直到16岁那年的秋天，一天上午，父亲将正要去河边钓鱼的爱因斯坦拦住，并给他讲了一个故事，正是这个故事改变了爱因斯坦的一生。

父亲说："昨天我和咱们的邻居杰克大叔去清扫南边的一个大烟囱，那烟囱只有踩着里面的钢筋踏梯才能上去。你杰克大叔在前面，我在后面。我们抓着扶手一阶一阶地终于爬上去了，下来时，你杰克大叔依旧走在前面，我还是跟在后面。后来，钻出烟囱，我们发现了一件奇怪的事情：你杰克大叔的后背、脸上全被烟囱里的烟灰蹭黑了，而我身上竟连一点烟灰也没有。"

爱因斯坦的父亲继续微笑着说："我看见你杰克大叔的模样，心想我一定和他一样，脸脏得像个小丑，于是我就到附近的小河里去洗了又洗。而你杰克大叔呢，他看我钻出烟囱时干干净净的，就以为他也和我一样干干净净的，只草草地洗了洗手就上街了。结果，街上的人都笑破了肚子，还以为你杰克大叔是个疯子呢。"

爱因斯坦听罢，忍不住和父亲一起大笑起来。父亲笑完后，郑重地对他说："其实别人谁也不能做你的镜子，只有自己才是自己的镜子。拿别人做镜子，白痴或许会把自己照成天才的。"

在 2000 年前，古希腊人就把"认识你自己"作为铭文刻在阿波罗神庙的门柱上。然而时至今日，人们不能不遗憾地说，"认识自己"的目标距离我们仍然很遥远。探索其原因，我们不能不提到心理学上的"巴纳姆效应"。

在日常生活中，我们既不可能每时每刻去反省自己，也不可能总把自己放在局外人的地位来观察自己，于是只能借助外界信息来认识自己。正因如此，每个人在认识自我时很容易受外界信息的暗示，迷失在环境当中，受到周围信息的暗示，并把他人的言行作为自己行动的参照。"巴纳姆效应"指的就是这样一种心理倾向，即人很容易受到来自外界信息的暗示，从而出现自我知觉的偏差。

在生活中，人们无时无刻不受到他人的影响和暗示。比如，你可能不止一次发现过这样一个现象，在公共汽车上，一个人打哈欠以后，接下来他周围会有几个人也忍不住打起了哈欠。这种来自外界信息的暗示，会使你产生自我认知的偏差。这种偏差有时会影响到认知的正确度。有位心理学家给一群人做完明尼苏达多项人格检查表后，拿出两份结果让参与者判断哪一份是自己的结果。这两份结果中，一份是参与者自己的结果，另一份是多数人的回答平均起来的结果。参与者竟然认为后者更准确地表达了自己的人格特征。

心理学研究揭示，人很容易相信一个笼统的、一般性的人格描述。即使这种描述十分空洞，他仍然认为反映了自己的人格面貌。一些星座、属相等方面的测验，其结果都是一些一般性的模糊的话，符合每个人的平均心理，让你认为很像自己。正如一位名叫肖曼·巴纳姆的著名杂技师对自己的表演作出的评价，他说他的表演之所以能够受到大家的欢迎，就是因为他所表演的节目中包含了每个人都喜欢的成分，从而使得"每一分钟都有人上当受骗"。因此，心理学家便将这种倾向于相信笼统性描述的心理特征命名为"巴纳姆效应"。

从情绪方面来划分，人的性情大致可以分为两大类：理智型和感情用事型。理智型的人是情商很高的人，在所有的事情面前都能够做到冷静沉着，三思而后行，他们能够控制自己的情绪。感情用事型的人是情商相对较低的人，在面对外界的影响时，他们往往随性而为，不计后果。如此一来，他们就会陷入"巴纳姆效应"的泥淖而无法自拔。

我们都是社会上的人，不可能单独存活于世上，在生活上必然有外界的变化影响着我们。比如，他人的言行举止，自然环境的冷暖变化，客观事物的更替，等等。这时倘若我们不能以平静的心态来对待，就很难收获轻松与快乐。

由于"巴纳姆效应"具有笼统性和一般性的特点，因此使得很多描述似是而非，从而影响人们的真实判断。一旦判断出现了偏差，就很容易导致人情绪失控。而情绪失控的后果我们是知道的，所谓"冲动是魔鬼"，这个"魔鬼"会阻碍你成功，会掠夺你的快乐……因此，我们必须要打破"巴纳姆效应"，做自己情绪的主人。这就需要我们调整自己的心态，时刻以平常心去面对眼前发生的一切。

如果有人对你恶言相加，不要马上去反击，试试做几个深呼吸，在心里告诫自己不要冲动，要三思而后行，或者尝试着用数数法，在心里默默地从1数到10，让自己慢慢平静下来，告诉自己生气是拿别人的错误惩罚自己，当你想通了，你就不会再有那么大的情绪波动了，也就不会受他人的影响了。

一天，著名作家哈里斯和他的朋友在街上闲逛。哈里斯看见一家卖报纸的小摊，就向摊主买了一份报纸，并且很有礼貌地说了一声"谢谢"，没想到这个摊主给了哈里斯一个臭臭的表情。朋友很气愤，当哈里斯跟他朋友又走了一段路后，朋友终于忍不住了，问道："你不认为刚才那个摊贩的态度很差吗？对此你不感到气愤吗？"

哈里斯笑笑说："我每天来他这里买报纸，他都是这样的，这没什么啊！"

朋友更惊讶了："他每天对你的态度都是这样差，你为什么还是每次都很有礼貌地跟他说谢谢呢？"

哈里斯笑着对朋友说："我们何必让别人来影响自己的心情呢！"

是啊！情绪是自己的，何必让别人来左右呢？快乐是自己的，何必让别人来掌控呢？生活在别人的眼光中是很累的。生活是自己的，何必那么在意别人的看法呢？人生不如意事十之八九，倘若斤斤计较，便永远得不到平和。不如学着多一点豁达，多一分宽容，多一些理性，让愤怒、忧郁像滴落在旱地上的一滴水，瞬间蒸发。

心理学家指出，一个成熟而心理健康的人，通常都对"自我"有一个清晰而持续的概念，能够做到比较客观地认识自我。倘若一个人缺乏对自己的清晰而完整的概念，那么这个人的"自我"的各个部分便是松散的、含混不清的，他也会因此而缺乏生活目标，从而失掉生存的价值感和充实感。如此一来，便很难应付复杂的社会生活。

因此，我们要做的是：客观认识自己。自我认知能力提高了，对外界事物的认知能力自然也会跟着提高，从而使自身减少情绪化，增强理智性。这就好比在头脑中装上了一个控制情绪活动的"阀门"，让情绪活动听从理智和意志的节制，而绝对不能任其自流。凡是能有效地节制情绪的人，也就能基本保持情绪的平静和稳定，这是取得成功的关键。[①]

马云的疯狂让很多人不可思议。2004 年，马云成立淘宝网，当时 C2C 市场已经被美国的 eBay 占据 80%，剩余的 20% 被一个叫邵亦波的美国哈佛大学毕业的高材生捡走。

"Jack，你疯了吗？ eBay 是一个可怕的巨人！"时任阿里巴巴 CTO（首席技术官）的吴炯反击马云。马云却笑笑，"好好玩，搞下去，搞大！"

这些挑战都无法影响马云的情绪。他还是一边重复"打着望远镜都找不到对手"，一边举起两只手，圈成圈，放在眼前，并露出孩童似的自得。

---

① 文成蹊. 应该读点心理学 [M]. 北京：中国工人出版社，2009.

第三节　情绪自控力

多年前的一个夜晚，一个年轻人心情烦躁地走到悬崖边。他对无聊而平淡的生活失去了信心，感到这样的生活没有任何意义，他厌倦人世间的艰辛和孤独，决定跳下悬崖了断自己的一生。

他伫立于悬崖边很久，就在决心跳下去的那一刻，突然有隐隐约约的声音传来，他仔细倾听，原来是婴儿稚嫩的啼哭声。

顿时，一种从未有过的激动感从内心深处迸发出来，让他真切地明白到若是这么轻易地结束自己的生命，真的是对不住父母的生养之恩、有愧为人之子的道德。于是他改变想法，极力挣脱出诱惑他自杀的死神的魔爪，循着哭声奔走过去。

从此以后，他非常珍惜自己的生命，发愤读书，拼搏进取，越挫越勇，终成大器，从而造就了人生的辉煌。

而这位决心跳崖自杀的年轻人就是后来成为俄国伟大文学家的屠格涅夫。

每个人都有情绪变化周期，这是很正常的，你是否有过这样的体验，当高兴了几天之后，情绪会变得很平淡，甚至会变得不好。但是我们不能让坏的情绪影响到我们正常的工作和学习，所以学会调控自己的情绪很重要。

成吉思汗"盛怒杀鹰"的故事很多人都听过。成吉思汗带着心爱的老鹰上山打猎，干渴难耐时发现一处滴水山泉，他耐着性子用杯子接下滴滴泉水，好不容易接满水准备喝时，老鹰却把杯子扑翻。多次反复让成吉思汗勃然大怒，他拔刀杀了老鹰。之后他才发现，原来老鹰不让他喝水并不是出于逗弄，而是水源是毒蛇口中的毒液。

如果用情商理论来分析，成吉思汗在盛怒那一刻已经被"情绪绑架"，就是情绪阻断了逻辑思考中心，在这个状况下我们通常处理问题都是凭借一时之气。但这并不意味着我们对此束手无策，我们可以利用几秒钟时间转移情绪，就是在情绪到达顶峰即将爆发的时刻再等几秒钟，想想这样做的得与失是什么，后果是什么，以及自己能否承载这个后果。

"世界如此美妙，我却如此暴躁，这样不好，不好。"《武林外传》里郭芙蓉的台词相信大家不会陌生吧，这位客栈里的小杂役一发脾气想使"排山倒海"这招的时候就一边运气一边这样告诉自己，从心理学的角度看，她就是在学习控制自己的情绪，提高自己的职场情商。[①]

诸葛亮的夫人叫黄月英。诸葛亮当时听说黄月英很有才学，就去找黄月英的父亲说："我想娶你的女儿，你看行吗？"黄月英的父亲和诸葛亮聊了一会，聊完了就让黄月英送诸葛亮回去。

在送诸葛亮出去的时候，黄月英送了诸葛亮一把扇子（就是京剧或者

---

① 职场情商，助你快乐工作 [N]. 成都商报，2007-10-07.

连环画中诸葛亮手上常拿的那把羽扇）。黄月英说："诸葛先生，你可知道我送你这把扇子有什么用意？"诸葛亮想起中国的成语"重于泰山，轻于鸿毛"，便说意思是礼轻情义重。黄月英说："好吧，也算原因之一吧，可知还有其二？"诸葛亮想不起来，就只好说："愿闻其详。"黄月英说："诸葛先生，在你刚才跟家父畅谈天下大事时，我注意到，你提到刘备请你出山时眉飞色舞，讲到你的胸怀大计时气宇轩昂。但是诸葛先生，我发现你每次一讲到曹操便眉头深锁，一讲到孙权就忧心忡忡。大丈夫做事情要沉得住气，我送你的这把扇子是用来给你遮面、挡脸的。"

黄月英送诸葛亮扇子的用意是提醒他：小心控制自己的情绪。可见情绪管理自古有之。

情绪是人内心深处的原始反馈，是直接与动物性的生存、繁衍需求相关的神经系统反应。人如果没有情绪，就是机器人；人如果全部都由情绪主导，就是低级动物。每个人都会有情绪。同样一个刺激，一千个人会有一千种情绪反应（没反应也算一种）；另一方面，每个人也都会有关心则乱的刺激源。

马云在淘宝商城媒体恳谈会上，为了克制自己的言语，在手上写了"忍"字。他估计有些记者肯定会问到收购雅虎的事，但因为此时不宜多说，但又有违自己畅谈的习惯，所以在来参会前在手上写了四五个"忍"字。很多人注意到，在回答雅虎这个问题前，他看了几次手上的这些"忍"字。

很多人知道情绪会影响动作，但是否知道动作对情绪也有影响作用呢？心理学上有一种理论，叫做"情绪的动作反馈"。举一个例子，如果你的行为散发的是快乐，就不可能在心理上保持忧郁。体会了其中的真谛，你的人生将会充满快乐。

身体四肢的运用往往会决定我们对各种事物的不同感受，即使是我们脸部极小的表情变化，或一个不为人察觉的小动作，都会影响到我们的感受，因而产生不同的想法和做法，最终便影响了我们人生的变化。

我们不妨做个小小的练习，看看动作对我们的情绪会有多大影响。你先假装是个严肃且呆板的乐团指挥，手臂正一前一后地晃动着，做这个动作时要很慢很慢，千万不可用劲，同时脸部做出十分困倦的样子，这时你有什么样的感觉呢？

好了，现在我们换另外一种动作，请你把双掌用力地拍两下，脸上堆满极为高兴的笑容，并且大声地发出能鼓舞士气的叫声，这时你的感觉是不是一下子便跟先前不一样了呢？

的确，当你快速地做出一些动作，借着身子和声带，你的感觉很快便会改变。

糟糕的情绪是大脑对外部刺激的反应。要改善情绪就得改变刺激源。心情不好时，不妨尝试以下几个"心理假动作"，可让情绪变好。

1. 坐直了就会开心点。心理学家威廉·詹姆斯提到："如果你不开心，那么，能变得开心的一个很好的办法是开心地坐直身体，并装作很开心的样子说话及行动。"

2. 强装笑脸。在心情抑郁、心理压力大或生气的时候，强装笑脸有助于释放不良情绪，有益身心。

3. 收拾房间。凌乱不堪的房间或办公室会令人心神不安。因此，将房间收拾整齐能改善不良情绪。比如，让地板上散落的物件各就各位，将桌子上的东西收拾干净，把被子叠整齐。

4. 穿蓝色衬衫。蓝色是一种天然的心情"放松剂"，这正是"仰望蓝色天空，心情倍感轻松"的真正原因。相比之下，橙色刺激性最强，黑色容易激起怒气，红色虽然可以提升人的体内能量，却容易令人不安。

5. 哼哼歌。唱歌是改善心情的最简单方法。因为唱歌可调整呼吸，使整个身体都随着节奏运动。不管是自己哼唱或是与朋友同唱，哪怕只是静静地倾听，都有助于放松身心。

6. 要想心情好，关键吃得巧。比如，苦甜两种味道结合（在咖啡中加点橙汁），或者软硬食材结合（爆米花和坚果同吃）等，都能够给味蕾带来新鲜感，进而改善心情。类似的食物还有中餐里的糖醋排骨、糖醋鸡块等。

7. 闻闻柠檬香。美国俄亥俄州立大学最新研究证实，柠檬香味具有去忧、安神和止痛作用。研究发现，柠檬香确实能提升好心情，闻柠檬味可使血液中的能量激素"正肾上腺素"的浓度增加。

8. 与宠物亲密接触。多项研究证明，抚摸猫狗等动物有助于降低血压和平稳心率，进而降低心脏病等病症的发病几率。英国贝尔·法斯特女王大学人类与动物关系研究专家、心理教授德伯拉·威尔斯指出，人与动物亲密接触，具有惊人的安抚效应，有助于人体缓解自身压力。[1]

美国人多年前有一种说法叫做"中国面孔"，这是什么意思呢？中国人传统对待情绪的方式是"压抑"，因此表现在外多是严肃认真的面孔，别人不大知道这张面孔下真实的情绪，这实际上是情商较低的一种表现。情商并不会随着年龄的增长而发展，而跟人的成长环境有非常大的关系。不过，"中国面孔"逐渐成为过去，社会风气的改变也改变了人的情商，80后、90后的

---

[1] 7个心理假动作，轻松告别坏情绪 [OL]. 家庭医生在线，[2012-02-06]
    http://hb.sina.sina.com.cn/health/xlyl/2012-02-06/40993.html

中国年轻人情商比前辈们高出很多了。他们会选择合适的方式表达自己的情绪，他们也善于发现别人的优点，会替别人担心，热爱团队合作。前面说了情商并不会随着年龄的增长而发展，有一种观点认为，情绪能回到儿童时代的人更具有创造力，很多"老顽童"都受大家欢迎也能说明这一点。

第四节　情绪感染力

在越南战争初期，美军某排士兵趴在稻田里，与越南军队展开激战。突然有 6 个和尚沿着稻田的田埂列队走来，他们面无惧色，坦然自若，径直朝着双方交火的地方走去。

"他们既没有向左看，也没有向右看，而是一直往前走。"当时在场的一位美军士兵戴维·布什回忆道，"真是奇怪，居然没人朝他们开枪。他们走过田埂之后，突然之间我完全失去斗志。我不想再打下去了，起码那天的想法是这样。大家的想法肯定都是这样的，因为大家都停了下来。我们停止了战斗。"

那 6 个和尚"泰山崩于前而色不改"，他们的镇定自若感染了正在激战的双方战士，这种力量表明了社会生活的一个基本准则：情绪可以感染别人。当然越南和尚的故事是一个极端的例子。

情绪的感染力是无处不在的，有时你会做个主动的感染源，有时又会在不经意间成了某种情绪的被动感染者。也许在被感染的当时你并未察觉，等到你的情绪已经发生变化时，才察觉到情绪已经在不知不觉间发生了不可思议的转变。

人们都喜欢与热情大方开朗的人接近，从他们身上可以感受到勃勃向上的生命的力量，难道他们从不曾忧郁、悲伤与痛苦吗？当然不是，他们所掌握的不过是懂得如何将情绪在合适的时间和合适的地方投射到他人身上。这种情绪的收放自如是情商的一部分。

美国人斯坦哈德是一个职业股票经纪人，由于工作压力很大，他几乎忘记了什么是微笑。结婚 18 年以来，即使是在家里，他也很少对妻子微笑或和她说话。他几乎成了徘徊在百老汇街道上的最不快乐的人。

后来，他参加了一个人际关系辅导班，老师布置作业要大家汇报自己的微笑经历。斯坦哈德决定尝试一个星期每天对人微笑。第二天一早，当斯坦哈德看到镜子里自己阴沉的脸，感到很惊讶，于是对自己说："你要微笑面对一切，现在开始快把愁容从你的脸上扫掉吧。"于是，当他坐下开始吃饭时，他微笑着用一句"早安，亲爱的"向妻子问好。妻子惊呆了。斯坦哈德告诉她以后每天都可以得到这样的问候，从那时开始他真的每天都这么做。

每天，当斯坦哈德去上班的时候，总是微笑着对电梯工说"早上好"，跟看门人打招呼时也面带微笑。地铁小店的出纳员找零钱时，他微笑。站在证券交易所的走廊里时，他也对那些不认识的人们微笑。斯坦哈德很快就发现每个人都会给自己同样的微笑，办公室的气氛变得非常融洽。甚至因为他能用愉快的态度对待那些提出抱怨的人，问题也变得容易解决了。

在之后的两个月里，斯坦哈德以全新的态度面对生活，面对他人，也改掉了批评别人的习惯。他的家中渐渐充满欢乐，工作也蒸蒸日上。

笑能把快乐的情绪感染给每一个人。纽约一家大百货公司的招聘主管说，她宁肯雇用小学没毕业但是面带笑容的人，也不愿意雇用长着一张苦瓜脸的博士。

微笑具有很强的情绪感染力，它是一个非常主动的信号，这比应别人情绪要求而做出的反应要有力得多。微笑还传达了这样一个信息：你是一位能接受我的微笑的人。所以，真诚的微笑如春风化雨，润人心扉，也为彼此的沟通打开了一扇门。

心理学家认为，如果你对他人微笑，对方也会回报以友好的笑脸，但在这回应式的微笑背后，有一层更深的意义，那便是对方想用微笑告诉你，你让他体会到了幸福。由于我们的微笑，使对方感觉到自己是一个值得他人表示好感的人，从而有一种被肯定的幸福感。所以，他也会快乐地对你微笑，这便是微笑那么容易感染人的原因。

密歇根大学心理学教授米柯纳的研究表明，面带笑容的人，比起紧绷脸孔的人，在经营、推销以及教育方面更容易取得成效。笑脸比紧绷的面孔，藏有更丰富的情报，因而更有感染力，面带笑容的人更有可能在人际互动中占据主动。

当一个人满怀热情与人交往时，会把更多的注意力投注于交往对象上以及双方的情感与交流上，使两人之间的情绪同步协调。热情者往往是主动者，控制着情绪互动的过程，而高情商者往往是情绪的主导者，即由他把情绪传导给周围的人。

在马云的演讲中，我们总能被他的情绪所感染。

谈到老员工时，马云说："你们是阿里巴巴最珍贵的一批脊梁，很多人看到你们还留在公司，心里就有底气。我也是如此。如果我到各个办公室看到的还是你们这些脸，就知道阿里巴巴还会扛得过去。"

这是一句非常动人的话。确实，当新员工看到公司遭遇压力和危机时，如果看到老员工还在有条不紊地工作，心里就会踏实下来。

谈到为盛名所累，马云说："今天的名越多，对我的灾难越大，去酒吧，跟人家搭讪，都没有机会了，这是很残酷的。"

这也是一句很真实的话，把自己放在一个弱者的位置上，容易获得员工的同情，化解彼此间的距离感。

谈到业绩不好，马云说："2007 年年初，我对自己去年的工作是不满意的。我已经跟董事会提出我 2006 年的奖金为零。我干得最辛苦，但是没有干好，我们只为结果付报酬。"很实在也很诚恳，也传递了阿里巴巴的价值观，只为结果付报酬，从马云做起，你也一样。

马云在与员工交流的时候，这样说道："那天有人跟我讲，淘宝年会上有一个人说他们夫妻俩做淘宝，孩子在外地老家养着，他感到非常难过。我听了也非常难过，但是换句话说，各有各的命。

"我们这一辈的人都这样，我儿子换了 5 个小学，3 个中学，转来转去，13 岁把他送去了国外，然后又去了另外一个国家。但是今天我觉得他很独立，他可以一个人去面对生活的挑战。所有的事情，都自己去处理，这也是生活锻炼了他。天天在一起不等于就善于沟通，而即使不在也还是要跟他沟通。

"以前每 3 个月我会跟儿子聊 15 分钟，超过时间就不跟他谈了。在这 15 分钟里我跟他做一个很认真的沟通，很简单，大男人，告诉我有什么问题，解决，然后干事，是不是很简单？

"儿子 18 岁的时候，我给了他三个建议：

"第一，永远用独特的眼光看这个世界，用你自己的眼光去判断这个世界，不要别人说东一定是东，别人说西一定是西。就拿卫哲这个事件来说，外面的版本太多了。因为大家都认为价值观只是贴在墙上，自己不诚信的人，永远不相信别人会为诚信付出代价，什么乱七八糟的事情都出来了。哪有那么复杂？所以每个人要用自己的眼光看待这个世界。

"第二，永远用乐观的心态看世界。这个世界一天比一天好。大家说现在是'两难'，都有难的，今天很难，但我们还活着。我们还有机会，我们还年轻，都有机会。

"第三，有任何问题，告诉我真话。发生什么事情，我们一起来对付。我最怕的是不告诉我真话，那就乱套了。你告诉我真话，我们可以共同来面对。

"如果他说假话，一定是你出了问题，因为他怕你，因为他担心你。天塌下来，如何面对？孩子的教育是父亲和母亲共同的责任。

"我们要讲自己的快乐，孩子的快乐，老公的快乐，同事的快乐，社会的快乐。

"对我们身上所肩负的工作，大家要怀着感恩的心态去做，否则你会永远觉得每天在给阿里巴巴做牛做马。

"阿里不需要你做牛做马，这是我们自己的选择，我们自己申请来到这家公司，我们自己同意来到这家公司，我们自己觉得我们对社会有贡献、对别人有快乐，才决定留下来的。我们不需要任何人做牛做马，只有你快乐，我们才会快乐。

"只是有的时候责任放到你头上，这辈子的命到了你头上，你就没有选择。我觉得像戴珊这样，彭蕾这样，老陆这样，已经忙得四脚朝天，但是刚好碰上这件事情到了他们头上，那就得做，这就是我们的生活。

"假如你认为这是一个灾难，灾难已经来临；假如你认为这是一个机遇，那么机遇即将成形。"

马云的演讲充满励志情绪，他坚信好企业在逆境中照样可以崛起，并特别强调："优秀的企业家必须学会比别人提前适应这个环境，谁先适应谁就有机会。做企业至少是 5 年和 10 年的考虑，两三年的灾难不算什么灾难。"

马云试图用自己的经历感染所有沮丧焦虑的同行："2002 年的互联网泡沫危机，那次我的口号是'成为最后一个倒下的人'。即使跪着，我也得最后倒下。而且，我那时候坚信一点，我困难，有人比我更困难，我难过，对手比我更难过，谁能熬得住谁就赢。放弃才是最大的失败，假如你关掉你的工厂，关掉你的企业，你永远没有再回来的机会。"

美国著名的心理学教授戴维·霍金斯有一个研究告诉我们，人的身体会随着精神的状况产生情绪强弱的起伏。他将人的意识映像到了从 1 到 1000 的范围，然后发现：导致人的振动频率低于 200 的状态都会削弱身体，从 200 到 1000 的频率则会使身体增强。

在他的研究中，我们会发现，诚实、同情和理解的情绪能够大大地增强一个人的意志力，改变身体中的粒子的振动频率，进而改善身心健康。反过来，一种邪念的产生一定会导致最低的频率。当你有一些龌龊的念头时，你就在削弱自己的情绪振动。恶念、冷漠、痛悔、害怕、焦虑、渴求、怨恨、傲慢，这些情绪全都对你的身心有害。

如果你想用你自己的情绪去感染别人，就首先要让自己的情绪正面并且活跃。

要想让别人对你的情绪产生共振，并且与你保持沟通和一致，那就要杜绝情绪的极端。因为人会拒绝对极端情绪的共振，这是人的本能。

从某种意义上说，确立人际互动的情绪基调是个体在深入和亲密的层面处于主导地位的象征，即个体可以驱动他人的情绪状态。在人际互动过程中，情绪表现力更强或更有影响力的一方通常会"夹带"另一方的情绪。处于主导地位的一方说得较多，而处于从属地位的一方更多的是在观察另一方的脸庞——为情绪传递进行设置。同样的道理，一位雄辩的演讲者，比如政治家或者传教士，总是致力于影响观众的情绪。这就是我们所说的"他把观众牢牢抓在手心里"。情绪夹带是影响力的核心。

第五节　情绪调整术

　　面对压力依然能变通，保持活力，这种技巧、特点、习惯和能力通常被称为"情绪调节力"或"自我控制力"。面对一些不可避免的压力时，学会调节自己的情绪能很大程度上改变处理压力的态度，促进健康。

　　成功和挫折是最能反映个人性格情绪的状态，因此，我们可以通过总结自己成功或失败的经验教训，来发现自己的情绪特点，在自我反省中更加深入地认识自我，把握自己的情绪走向。

　　我们非常喜欢用火山爆发来比喻人们发怒的情形，但火山是没有生命的，受自然物理力量的驱使，除了爆发之外，自己一点作用都发挥不了。可是，我们是人，我们可以发挥自己的作用，帮助自己处理好各种情绪，因为我们具备自我调节的能力。

　　接纳自己的情绪，与你的情绪状态一起投入到工作中，而不是沉浸在情绪状态中无法自拔。当一种情绪产生时，与其想着"我必须现在处理自己的情绪"，或者"我必须把压在胸口的情绪发泄出来"，倒不如试着换一种思维方式："我真的要现在就处理自己的情绪吗？"或者"我真的要处理自己的情绪吗？"又或者"我如果现在处理自己的情绪，要付出什么代价？"通过延迟获得满足，抑制你的冲动，你实现了对自我进行良好的控制。所以，在与那些一遇到各种情绪、本能驱使就马上陷入其中无法自拔的人相比较的情况下，你的优势立刻就体现出来了。

很多高情商的人，特别善于将自己的情绪调节到一个最佳位置，因此他们在调节或顺应他人的情绪时，可以很容易地控制双方情绪的走向，在交往和沟通中往往可以比较顺利。

面对危机，马云表示，要调整心态，学会适应危机。马云这样说道："变化永远充满多变性，必须不断对灾难降临的可能性进行预测，即使没有灾难时也要做好准备。东西方哲学的核心思想就是拥抱变化、创造变化。形势好的时候要为形势不好做准备，形势不好的时候，我会调整心态，对自己说：机会来了。

"2008年我曾说过，一年后我们都会适应经济危机；今天，我感觉大家已经开始适应了，从在座各位的脸色上看，去年（2008年）我看出的是恐慌，今年（2009年）我看到的是坦然。我认为，做企业面临的第一个风险就是能否适应危机。危机永远存在，所以我们才说'后危机时代'，而不是'危机以后的时代'，这是有本质区别的。我想问，危机来得那么快，去得那么快，传递出怎样的信号，我们从中得到了什么？危机为何来去都那么快，什么时候会再次袭来？以前，危机是10年来一次，现在是5年来一次，未来可能变成3年来一次，我们是否准备好了，是否已经适应了危机？这是我想说的第一个问题。

"我们面对的是明天，要利用危机改变自己，改变社会。不能为度过危机感到骄傲，更不能为度过目前的灾难而欣喜。如果我们没有从中学到什么，从而改变自己，继而创造未来，那么充其量只是度过了眼下的财务危机，心理上的'危机'并没有解决。

"我们都是做企业的，不管别人认为我们做得多大，与世界 500 强比起来，我们都是小企业。只有先把自己看小，才能把企业做大。去年（2008年）我就觉得，这次危机对大企业是个灾难，风暴来的时候，倒霉的一定是大树，小草不会有问题，从来不会有台风把小草卷起来的事。但是，台风过去以后，大家只会救大树，没人救小草，而且是踩在小草身上去救大树，这时候倒霉的就是小草了。我想用这个比喻提醒大家，后危机时代才是小企业的危机。"

日本著名企业家稻盛和夫先生心态转变之后，做出了巨大的成就。他回忆道："我出生在鹿儿岛，23 岁时离开故乡来到京都，27 岁时与 7 个朋友共同创建了京都陶瓷公司。'京瓷'现在已成为一个大公司，日本国内员工有1.4 万人，加上海外，共有 5 万多名员工。

"然而在 27 岁之前，我的人生却充满挫折。第一次挫折是初中升学考试失败，第二年报考同一所学校再次落第，只得进了一家'垫底'的学校。高中毕业第一志愿落空，只考上了家乡的鹿儿岛大学。毕业后参加就职考试，每次都不合格。于是我便萌生了甘愿成为'知识浪人'的想法，与其生活在弱肉强食的不合理社会，还不如在人情事理厚道的黑社会里厮混。

"多亏一位任课教师介绍，我总算可以去一家公司上班，但却是一家濒临破产的亏本企业，薪水总是迟发，又没有奖金。不久，同事们一个个相继辞职，另寻他就，最后只剩下我一个人留在公司孤军奋战。我也很认真地考虑辞职的问题，但我的弟弟严厉地责备我，劝我打消这个念头，当时全家人都需要我在经济上予以支持，所以我只好留下来。

"我常想，我的人生为什么不顺利呢？我是个多么不幸的男人，似乎被苍天遗弃！

"我决定转变工作态度，寻找工作的乐趣，并在困难的环境中开创出一条路。我开始致力于研究，后来终于有了惊人的成果。由于那家公司没有特别杰出的人才，因此我就显得极为突出。上司的称赞使我工作得更加起劲，由此进入了良性循环。终于，我通过独特方法，首次在日本成功合成、开发了应用于电视机晶体管里电子枪上的精密陶瓷材料。后来，我就创办了京瓷公司。"

第五章

培养工作情商

第一节　持续性压力破坏能力

美国心理学家耶克斯和多德森研究证实，动机强度与工作效率之间不是线性关系，而是呈倒 U 形的线性关系。具体体现在：动机处于适宜强度时，工作效率最佳；动机强度过低时，缺乏参与活动的积极性，工作效率不可能提高；动机强度超过顶峰时，工作效率会随强度增加而不断下降，因为过强的动机会使机体处于过度焦虑和紧张的心理状态，干扰记忆、思维等心理过程的正常活动。

上述研究还表明：动机的最佳水平不是固定的，依据任务的不同性质会有所改变。在完成简单的任务中，动机强度高，效率可以达到最佳水平；在完成难度适中的任务中，中等的动机强度效率最高；在完成复杂和困难的任务中，偏低动机强度下的工作效率最佳。

如果任务过于棘手，难以完成，或者压力过大，比如任务多、时间紧且支持不足，就会使人进入恶性压力的状态。能力表现曲线过了最佳表现的顶点之后，就会到达一个临界点，大脑释放出过量的应激荷尔蒙，开始干扰我们有效工作、学习、创造、聆听以及计划的能力。

持续性压力的破坏作用妨碍了能力表现。在这种状态下，就会出现所谓的"稳态应变负荷"，即应激荷尔蒙以破坏作用为主。应激荷尔蒙水平过高，而且持续时间过长，将会导致神经内分泌功能不正常，免疫系统和神经系统失衡。这时，人更容易生病，思维能力也会下降，同时生物钟紊乱，睡眠质量变差。

2011年马云在微博中称："看着家人的眼泪，听见同事们疲惫委屈的声音，心碎了，真累了，真想放弃。心里无数次责问自己：我们为了什么？凭啥去承担如此的责任？也许商人赚了钱就该过舒适生活，或像别人一样移民，社会好坏和我们有啥关系？昨晚上网听见那批人高奏纳粹军歌，呼喊'消灭一切，摧毁一切'伤害着无辜。亲，淘宝人！！"马云发这个微博的背景是这样的，2011年10月11日晚上9点，有数千人秘密集结，对淘宝商城大卖家进行攻击，涉及淘宝商城、淘宝直通车、聚划算，攻击手段主要包括恶意拍货、给差评、恶意选择货到付款和申请退款等。这是由于之前淘宝商城正式发布了全新的招商续签及规则调整公告，公告显示2012年商家交纳的保证金调整为1万~15万，技术服务年费从每年6000元提高至3万元和6万元两个档次。但淘宝商城总裁张勇在致商家公开信中也承诺，只要商家把服务做好，经营到一定规模年费将部分乃至全部退还。

马云也曾公开表示，从2011年年底到现在（2013年），身体非常疲惫，除了工作还有一些家里的事情，"这个我不方便透露，我也不想透露。我花了很多时间去陪家人。"经过近几年的各种危机和负面新闻之后，马云需要有另外一个人站出来，去应对各种具体的运营事务，分散他的压力，让人感觉到阿里不再是"马云一个人的阿里"，而是有更多的人才和声音。

　　马云于 2013 年 5 月 10 日起不再担任阿里巴巴集团 CEO，保留董事局主席职务。对于马云来说，做出急流勇退的选择有多个原因，而其中有一点是个人原因：他感觉越来越疲惫了。在接受采访时，马云表示："我已经 48 岁了，对于这样一个飞速发展的领域来说，已经不再年轻。当我 35 岁的时候，我还是充满活力，有着很多新奇的想法，那时我没什么可去担心的。"2013 年 5 月后，马云将专注于阿里巴巴董事长一职，并关注宏观战略，以及企业发展、社会责任等。

　　马云在一次演讲中这样说道："在（创业的）路上，越走越孤独，因为路上的行人越来越少，企业做得越大，时间越长，你其实越寂寞。难得我们这些人是同道中人，我们互相分享一些经验和看法，有一些企业家喜欢爬山，有一些企业家喜欢穿越沙漠，他们为了体验极端，而我觉得每个人观点不一样，我每天在爬山，我每天在过沙漠。所以我要去旅游，我希望搞一个腐败一点的舒服一点的旅游，因为我太累了。"

第二节 调整到最佳工作状态

除阿里巴巴之外，马云现在最喜欢谈论的另外一件事情是太极。太极已经有意无意地成为马云的另外一个符号。这种联结可以理解为无心插柳柳成荫，也可以与当年的"西湖论剑"、金庸的侠义与风清扬的无招胜有招放在一起。太极给了马云一个不一样的视觉与影响。

马云小时候跟杭州一位陈老太太学过很多年太极。陈老太太练的是杨式太极，她功夫了得，在 70 岁时对付两三个小伙子都没有问题。马云说："陈老太太很早起床，在打太极前总要闭上眼睛在公园里静静站一会儿，我问她这是干什么，她说她在听花开的声音。"

2009 年 1 月底，马云在三亚休假，其间马云自己先"禁语"三天，而后请王西安大师来教了三天太极。

在三亚的四天相处，马云不仅展现了良好的基础和悟性，同时也表现出他的思考。比如他会冷不丁地问王西安，你和你的儿子，谁的功夫更厉害？

王西安的两个儿子王占海和王占军，都在世界级的大赛中多次拿下冠军，是活跃在当下的太极高手。对于马云的问题，王西安给出回答：自己文化水平不高，练太极是经过无数次错误，一点一点悟出来的。两个儿子有他的指导，几乎没走什么弯路，十几岁就打遍天下无敌手了。

马云想了想，也提出了自己的看法：有些错误是必须要犯的，而且越早犯越好。王西安如果碰到水平相当的对手，靠着之前的"犯错"经验，能很快找到制胜的办法，他的儿子却未必。

休假期间，每天晚上 6~8 点，马云都要"急行军"，沿近 1 公里的环路走上十几圈，越走越快。现在，打太极成了马云的主要健身方式，他经常是边走路手上还边做着动作，而且太极中的哲学思想也让马云有了更深刻的感悟。比如说"中庸"，"中庸"一词有各种解释，马云认为"中"是动词，"打中"是"恰如其分的一点"，"中庸"就是"打在恰到好处的那一点上"。马云认为太极拳是以拳术来表达太极思想，每一招都既可攻又可守，任何招都有解，也就是说"没有绝望的境地，只有对境地绝望的人"。

2010 年 4 月，马云约李连杰、王中军、沈国军等一帮好友，千里迢迢来到太极拳"圣地"陈家沟"朝圣"。

"他很像一个老拳师。"这是王西安对马云的看法，他认为，经过坚持不懈的练习，马云已经深得太极三昧，言谈举止张弛有度。"三年一小成，六年一中成，九年一大成。太极拳讲究的是外形和内气的结合，需要用时间来悟道。"王西安称太极拳修炼是个漫长的过程。

马云处于哪个阶段？王西安想了想："他人很聪明，悟性也好，但工作比较忙，应该处在第二阶段，在形和气的结合阶段。"

马云致力于太极文化的推广，这不是一套拳法、一种武术的推广，而是一种哲学思想和生活方式的推广。

2011 年 4 月初，马云和李连杰成立了太极禅文化公司，李连杰任全职 CEO。2013 年 5 月，马云卸任阿里巴巴集团 CEO 职务，与李连杰合建的太极馆开馆了。在马云与李连杰的计划里，太极禅的推广最先是从阿里巴巴公司内部开始的。虽然在这间员工平均年龄只有 27 岁的公司，他们还不太擅长领悟太极禅的内在意味。

太极拳讲究快慢张弛，互联网公司运转节奏快，马云试图通过太极文化消除同事们内心的焦躁。

在马云认识王西安半年后，阿里巴巴太极拳班开课。第一期报名的有 400 多人，授课地点在杭州城西和滨江两处。第二期开课时，一干阿里巴巴高管，比如彭蕾等人，也成了学员。

看到员工热情高涨，马云干脆把太极拳固定为阿里巴巴的内训项目。

2011 年，马云请来陈家沟王翠花、王帅等 5 位拿过全国比赛冠军的陈氏太极拳高手，将他们编入阿里巴巴体系，每周定期给员工培训。①

王西安是太极发源地、河南温县陈家沟人，当代陈式太极拳代表人物。他与马云相识多年，阿里集团的所有太极培训，都由他的弟子负责。2013 年 11 月，他从陈家沟搬到了杭州定居，成为太极禅院的"镇馆之宝"。

如今的马云，不但太极拳法上颇有造诣，太极精髓也已经深入到他的管理哲学中。

"我静下来，公司就会静下来。

"在太极里，我最欣赏的三个字是定、随、舍。

"阴和阳，物极必反，什么时候该收，什么时候该放，什么时候该化，什

---

① 马云的太极路：希望人们称自己为"太极拳师" [N]. 河南商报，2013-12-06.

么时候该聚，这些东西跟企业管理是一模一样的。"①

马云也表示："愈学习太极愈发现，其实我做企业无论是企业的内部管理、员工管理，跟客户、跟竞争者的关系几乎完全是按照太极的宗旨。"他认为，企业的管理需要有一个文化根基，有文化根基的中国企业的管理才能够进入到世界企业的管理财富之中。

"人要活得长，要少动，要活得好，要多动。人生和公司都一样，要想活得又好又长，就得练太极拳，慢慢动。"这是马云热衷太极拳的原因。当然，他还有更深层的思考。马云认为西方企业管理体系是基于基督教文化，而要在中国好好做企业，还需要强大东方文化根源。"我对道家、儒家、佛家都感兴趣，唯有太极是综合道家、儒家、佛家，道家是领导力，儒家是管理水平，佛家是管理人心，太极结合三层，大家练了之后其乐无穷。"

在他的理解中，太极拳不倡导主动进攻，四两拨千斤的意境启示着做生意的理念："不管别人如何，外面如何，你只需专心把自己的事做好就行。在整个社会浮躁中，我希望人能够静下来，慢下来，在慢中体会快的道理。"

在管理中，要把虚的做实，实的做虚，虚实结合，虚实变幻，才能发展得更好。他最欣赏太极文化中三个字：定、随、舍。定：在企业发展过程中指的是战略，看清楚自己，看清楚未来的趋势，不管发生什么事情，人都要镇定。随：是一种实力，自己有了实力之后才懂得如何跟随别人。舍，人们讲得最多，但会舍的人并不多。②

杨露禅是马云颇为推崇的太极宗师，马云也在不同的场合分享过杨露禅

---

① 马云和阿里巴巴的"太极范儿"[N]. 青年时报，2013-12-24.

② 赵芃. 马云9位太极师傅，郭广昌已打到83式[N]. 中国企业家，2013-03-11.

学艺的故事：

太极宗师陈长兴同意收杨露禅为徒，第一年学习忘记，忘掉之前学过的一切招式；第二年是体验生活中一切细节；第三年学习哲学思想，参研太极阴阳之道；第五年才开始正式学武；一直到第七年，杨露禅历经磨练，哲学境界也到了一定程度，最终成为打遍京城无敌手的"杨无敌"。杨露禅学艺的故事显然给了马云极大的心理暗示，在太极的修行过程中，马云觉得太极拳带给自己最大的是哲学思考，"阴和阳，物极必反""什么时候该放，什么时候该化，什么时候该聚"。马云更是把太极提高到了管理哲学的高度："愈学习太极愈发现，其实我做企业无论是企业的内部管理、员工管理，跟客户、跟竞争者的关系几乎完全是按照太极的宗旨。"

马云认为："阴和阳，物极必反，什么时候该收，什么时候该放，什么时候该化，什么时候该聚，这些东西跟企业管理是一模一样的。"

马云在自己的车里总搁着一本《道德经》和一本《庄子》。除此之外，他也看西方哲学，提醒身边的人，要继续往前走，必须学会停下来看自己。"所谓养性，性命相关，性格和命运是相关的。一个人的性格决定了这个人的命运能走多久，一个公司的性格也决定了一个公司能走多久。"对于公司，马云有很强的性格决定论。2012年，阿里巴巴的中心思想被定义为修身养性。

"世上万事万物，永在变动之中。太极拳的动作看来似乎缓慢，但永不停顿，没有一刻窒滞。在太极拳中，速度并不是最重要的事。要旨是永远保持平衡和稳定。"关于太极拳的奥妙，金庸如是解析，"练太极拳，练的不是拳脚功夫，而是头脑中、心灵中的功夫"。

如今马云终于决定退居二线，虽然距离解甲归田为时尚远。但是在几年前，甚至更早以前，他已经开始通过太极去修行"心灵中的功夫"。如果说修炼是一辈子未竟的事业，那么太极也是即使马云离开之后，留给阿里最好的馈赠。[①]

---

① 李立. 马云的进退与动静：通过太极修行"心灵功夫" [N]. 中国经营报，2013-04-24.

第三节　心流，工作中的忘我

心理学家米哈里·契克森米哈（Mihaly Csikszentmihalyi）发现一种将个人精神力完全投注在某种活动上的感觉，即心流（flow），它产生的同时会有高度的兴奋感及充实感。充分地生活是怎样的，你现在忙于做某事？米哈里在研究画家是怎样工作时，他注意到一件奇怪的事：当画作画得好时，画家不在乎劳累、饥饿或不适，他们只会继续；但当画作完成，他们会对它们迅速失去兴趣。

在这种特殊状态下的思维看起来要怎样吸取你的整个生命？米哈里称它为"心流"（flow）。这是一种将个人精力完全投注在某种活动上的感觉。

何谓心流？米哈里将心流这个概念定义为"最理想的满足与从事经验"。无论在创造艺术、运动竞赛、从事工作或心灵实践上，心流都是人类超越极限、获得胜利的一个深层而独特的动机。当人们全神贯注在活动中时，会丧失时间感，并有极大的满足感；此时，人们便进入 flow 的状态中。

米哈里将 flow 形容为"由于他们自身的原因而完全参与在活动中，此时自我意识消失、时光飞逝，每个行为、动作和想法必然会一步接着一步，就像跳爵士舞一样，整个人都沉浸其中，且将自己的技能发挥到极致"。①

商业组织所能达到的卓越水平取决于团队成员能否全力以赴，发挥最佳技能水平。团队成员处于心流的时间越长，或满怀激情、投入参与的劲头越足，效果越好。进入心流有如下几种途径：

1. 根据员工技能调整任务要求。如果你是管理者，就要努力保持员工完成任务的最佳状态。如果他们参与度不够，就要增加工作乐趣，提高挑战性，比如增加任务。如果员工压力过大，就要降低要求并提供更多的支持（情感或后勤保障均可）。

1999年初，马云被邀请到新加坡参加一个关于亚洲电子商务的研讨会，但马云发现80%的演讲者来自美国，他们所用的案例中80%都是美国的，80%的听众都来自西方国家，而那次会议的议题却是亚洲的电子商务。马云认为美国是美国、亚洲是亚洲、中国是中国，中国应该有自己的电子商务模式。回国后，苦恼中的马云到了长城，他看到到处写着：杰克到此一游、乔伊到此一游、迈克到此一游……马云想，这可能是最原始的 BBS 模式。"创办阿里巴巴，就是我从长城和新加坡的旅行中得到的灵感。"

回到杭州以后，马云在自己家里和他的17位创业伙伴召开了第一次会议。他说："从现在开始，我们准备做一个站点。"他把自己的想法向大家做了交代，接着要求大家把自己的闲钱放在桌子上，对此马云的要求是：第一，不许向家里借钱；第二，不许向朋友借钱，所有的钱都必须是闲钱，因为这件事失败的可能性很大，需要时，我可以把这个房子卖掉。最后，他们

---

① 心流：一种美妙的心理状态 [OL]. 壹心理，[2012-07-24]
　http://www.xinli 001.com/info/3027/

凑齐了 50 万元人民币，成立了阿里巴巴网站。

2. 练习和提升有关技能，以适应更高水平的要求。

3. 提高专注的能力，集中注意力，注意力本身是进入心流的途径。

当注意力提高了，当人们集中思考一件事情的时候，创造力也就会发生，就进入了米哈里·契克森米哈所说的心流的状态。

1998 年年底，马云坐在美国一家餐厅用餐，脑子里苦思冥想自己未来公司的名字，此前已经有上百个名字闪过脑海，但始终不够理想，于是他让自己的思绪重新回到创立公司的初衷。他觉得互联网就像一座宝藏等待人们去发现去挖掘，而他的公司应该就是那个最早打开宝藏的人，想到此，灵光一现：阿里巴巴！他的公司不就是那个打开宝藏的青年阿里巴巴吗？马云兴奋地叫来餐厅的服务生，结果服务生脱口说出："阿里巴巴，芝麻开门。"接着马云甚至跑到马路上询问路人，得到的反馈也无一例外的好，于是一个响亮的名字就定下来了。可惜，好事多磨，当马云兴冲冲地去注册这个域名的时候，发现已经被一位加拿大人捷足先登了，马云看看自己手里 50 万人民币的启动资金，咬咬牙拿出了一万美金，换回了"alibaba.com"。

顺便提一句，马云在得到 alibaba 域名之后还一并搞定了他认为本该是一家的阿里妈妈、阿里贝贝等域名，这一做法在法律界被称为联合商标保护，阿里妈妈后来被用于网络广告。

冥想会让你更专注。冥想不允许从中打断，下次再继续完成。它可以帮助你走出困扰并影响你的思维，提高你的注意力水平，虽然你认为这并不可能。人们往往有这样的误解，冥想让你更放松、更松懈，但事实正好相反。冥想让你做好准备，进入状态。

冥想可以让你更有创造力，从而进入心流的状态。当你静静地坐着，平静下来，所有思想中的创新、创造力、灵感，就会从你的心里深处浮现，最终呈现出来。很多企业家不论在外面有多少疯狂的事情环绕着他们，这些人都可以排除干扰，挖掘自己内心的平静。这也是为什么他们能持续创新的原因。

自 2007 年 11 月阿里巴巴上市，马云对外宣称"一年内不接受媒体访问"；这一年，他鲜少在公众场合出现。

2008 年 6 月，马云在杭州三墩召开 B2B 高层会议，这次会议上马云提出了"云计算"。当时反对的声音很多，但最后马云拍板："我不知道云计算将来具体会有什么用，有多大用，但我知道的是我们必须马上做。云计算将来一定可以帮助中小企业。"

会议还有其他很多内容，但没有一项内容大家的意见是一致的。其中一项关键业务有人主张集中大量"优势兵力"快速"拿下"，有反对的声音说那是"杀鸡用牛刀"，马云在认真听取各方意见后说："需要的时候，我们不但可以用牛刀杀鸡，还可以把导弹当鞭炮放！"会议开得很辛苦，马云显得很累。

4. 2008 年初夏，马云突然离开杭州，来到重庆北碚缙云山白云观住了下来，这一住就是三天。在这三天里，他唯一的目的就是不发一言，他禁语了。"禁语"也叫"止语"，其实就是帮助平时繁忙的人静下心来，而后清楚地思考一些问题。

"虽然他实际上很谦虚，但他是一个语不惊人死不休的人。你要让他言语平淡，那还不如把他关起来算了。"马云的战友、阿里巴巴集团参谋长曾鸣说。马云的张扬让很多人倾倒。无论是在北京、东京还是秘鲁，他总是人们关注的焦点；无论是中文还是英文，一旦他开始演讲，总会吸引台下听众。有人说，他的英文演讲甚至比中文更加出彩。

　　但是这一次，马云悄悄来到白云观把自己藏起来。他要独自思考关于阿里巴巴的问题。

　　马云在山上"禁语"三天，每天起床后沿着院子散步，看看院墙上《道德经》中的句子，然后静静沉思。

　　马云每天还写毛笔字，刚到第一天他相对"心浮气躁"，字写得又大又不均匀，最后一天写的"蝇头小楷"虽然字不怎么样，但很均匀，看得出心已静很多。

　　经过三天禁语、冥想、调理，马云之前疲惫的面容又恢复了光彩。[①]

　　尽管这两年学习道家哲学、佛家思想，在海南三天"禁语"，在道观里抄写经书，"对人、对社会、对文明、对灵魂这些兴趣越来越大"，但马云还是有很多东西放不下，也不表明阿里巴巴就成为不再犯错的公司。"只是你到了这个阶段，人文的关怀、终极的思考一定要跟得上，不然底蕴不够了。"

　　悟道的马云也并不凌虚蹈空，"不管你飘得多高，你必须站在地上"。"真正的企业家，既要对宏观大局有前瞻性的理解，也能撸起袖子跟人家拼刺刀，没有这两点做不成企业家，某种意义上马云他们都是双重身份的有机融合。"曾鸣说。

　　阿里巴巴公司成立 10 周年是在 2009 年 7 月。马云没有想好公司的下一步发展战略，于是又让助手陈伟陪同三访缙云山。这一次，马云住在李一的养生馆，陈伟住在附近的农家院。他们不见面，每天只通过馆内工作人员的字条交流。这些在李一那儿悟出的方法论，被马云放到 10 周年的演讲中，主题就是"新商业文明"。李一出事后，马云并不忌惮在公开场合谈论他，

---

① 陈伟. 这还是马云 [M]. 杭州：浙江人民出版社，2013.

并坦言两人确实有过交往。仅在 2010 年 9 月阿里巴巴组织的网商大会上，马云就两次公开说起李一。他不掩饰对李一的欣赏，夸李一记忆力好，博闻强识，出口就是唐诗宋词，这是自己做不到的。2013 年初，《时尚先生》杂志刊登的马云专访也提到了李一。马云说："至今为止我还挺欣赏他。我欣赏他不是因为他神神叨叨的东西，而是他对道家文化的理解。我见过很多讲道家的人，没有他讲老子讲得那么生动有趣。他对我的帮助是，让我懂得静下来。他让我三天禁语。这三天我受益匪浅。我从来没有做过三天不讲话。三天不讲话让我舒服很多。后来我最多一次做到了八天不讲话。但是同样，我和李一很多东西是有不同观点的。他有一次准备跟我谈七天，结果谈了两个小时他说谈完了。我也批判了他很多。""李一是我朋友，今天我还这么说。李一没害过我，李一没骗过我。"

商业理性的一面和信道求神的一面，在马云那里并不像人们想象的那么冲突，私底下，马云曾半开玩笑地说："我要么迷而不信，要么信而不迷。"马云发微博说："常有朋友指责我去探视'非科学'的东西。对未知的探索、欣赏和好奇是我的爱好，即便是魔幻术，挑战背后的奥秘也快乐无穷。好奇心让人受益。人类很容易以自己有限的科学知识去自以为是地判断世界。科学不是真理，科学是用来证明真理的。过度地沉溺信仰和迷失信仰都是迷信，今天我们是后者。永葆好奇。"[1]

---

[1] 马云和"神秘力量"的不解之缘 [N]. 晶报，2013-07-28.

第四节 认识自己，爱上不完美

古代日本，一位好斗的武士去问一位禅师，何谓极乐世界，何谓地狱？禅师看都没看他一眼，大声叱责道：

"粗鄙的武夫，何足论道？"

武士感到受了极大的侮辱，暴跳如雷，拔出长刀，吼道：

"如此无礼，我杀了你！"

禅师还是没有看他一眼，很平静地说了一句：

"彼为地狱！"

武士如同雷击，呆了！他突然意识到，禅师所说的地狱就是指他受到了愤怒的控制。于是他很快就平静了下来，将刀归鞘，向禅师深深鞠了一躬，感谢他对自己的指点！

禅师微笑着又说道：

"彼为极乐世界！"

武士顿悟到自身情绪的波动表明了情绪失控与意识到被情绪控制之间的

天差地别。苏格拉底的警句"认识自己"，揭示了情绪智力的基石——意识到自身情绪的发生。

对于一个团队的管理者来说，认知原则的第一个问题就是：认识你自己。

在希腊古城特尔斐的阿波罗神殿上刻有七句名言，其中流传最广、影响最深的一句是："人啊，认识你自己。"

这里所说的"认识你自己"，是指认识自己的情感资源，包括情感的优点和缺点，情商的高低，以及自己有什么情感倾向和障碍等。

秦朝末年，项羽和刘邦两人各自带领队伍推翻了秦朝政权。后来两人又争夺天下，也就是历史上的楚汉相争。项羽是所向披靡的西楚霸王，天下第一英雄；而刘邦则是一个屡败屡战、打不过就跑的汉中王。

然而，项羽有勇无谋，任性，不能控制自己的情绪。他动辄大怒，率性而为，有功不赏，当断不断。相反，地痞流氓出身的刘邦，尽管最初缺点很多，而且轻视文人，但在张良等人的指点下，他很快意识到自己的问题，对自己的情感、情绪及其后果进行了反思，并且进行了根本性的调整。最后，刘邦竟然让项羽兵败垓下，成为汉代的开国皇帝。

假设项羽能像刘邦一样认识自己的情感、情绪，并及时进行反思和调整，历史也许就会被改写。

人们常说"人贵自知"，但很少有人能够做到这一点，而刘邦却做到了。一个好的领导要掌握一批人才，把他们放在适当的位置上，让他们最大限度地发挥自己的积极性。刘邦深谙此理，他让韩信带兵，张良出谋，萧何管理后勤，将所有的工作安排得有条不紊，刘邦也因此成为这个集团的领导核心。

由此可见，能够认知自己的情感资源是十分必要的。①

———————————

① 高情商团队的五项修炼 [J]. 培训，2008（7）.

　　身为中国著名企业家、投资家，柳传志获得过的荣誉数不胜数，有人问他，如何看待这些光环。"我总是提醒自己：我是谁？我是再普通不过的一个人！智商以前是中上，现在记忆力衰退了，智力水平大约要进入中下水平了，我的情商还算不错。是遇到了改革开放的大好环境，有追求有能力的人才有机会成功。"柳传志说，"现在我们的营业额能进入世界 500 强、排到 400 位左右，但还有其他差很远的地方。我总是提醒自己这些，所以再多的荣誉，我现在也骄傲不起来。"

　　马云是第二代企业家的代表，他们能够理解上一代的家国情怀，但有了更多的对"自我意识"的理解。他们结合了精英与草根的双重气质——比如马云，既蹬着三轮车自己送过货，也能与孙正义、杨致远这样的世界级商业领袖用英语直接对话；他们也洗脑，也强调类似"倒立文化"之类的形式主义，但他们开始强调诚信、透明，开始取消那些宏大的空洞的口号和标语，同时开始强调关爱员工；他们曾经反抗规则、隐忍规则，但现在已在相当大程度上在行业内制定规则，偶尔也会违反规则；他们仍有君、父、师、神的一面，但更多强调的是伙伴、合作、团队，只不过这种团队并不见得很职业化，更多带有"四海之内皆兄弟"的武侠文化遗风。孩提时，马云就是"孩子王"，有号召力、感召力。马云喜欢群居式的团队生活，每临周末，总是呼朋唤友拉上公司里的人到他家里打扑克、下军棋。

　　马云在公司内部常说一句话："这是个死命令。一起创业的 18 个人可以当连长、排长，但团长、师长以上的人，我通通从外面请。"马云曾经向公司推荐《历史的天空》，这部电视剧讲述了姜大牙从农民到将军的成长过程。"阿里巴巴希望员工像姜大牙一样，不断改造、不断学习、不断创新，只有这样企业才能持续成长。"

伴随着阿里巴巴上市步伐的推进，马云吸引了很多"空降兵"加盟，其中比较知名的有原百安居中国区总裁卫哲、原星空传媒COO张蔚、原长江商学院教授曾鸣等。

"空降兵"的加入，员工人数的极度扩充，新员工与老员工的理念冲突，不可避免地派生出一个最令马云头疼的问题——文化的稀释与异化。阿里巴巴企业文化的异化几乎完全可归结为"阿里人""自我意识"的异化。异化所投射的，是阿里巴巴员工行为做派的别样属性。

创业十多年，马云平静了很多，也成熟了很多，他在试着总结过去。"创业至今，最有价值和最应该坚持的是最早的一些想法。第一，我出来创业的目的不是为了挣钱，而是为了经历，如果像我这样的人都可以成功，那谁都可以。第二，不管怎么说，朋友永远是朋友，承诺永远是承诺，这些都是不能丢的。第三，成功也好，失败也罢，本性不能变。不能以为自己做了CEO就有什么了不起，我希望老朋友们见到我感觉还是原来的我。"马云强调。与其说是强调，不如看做是一种心理坚守更为合适。在商务事业中，CEO就是树，树的根本变了，相关的事物都会发生动摇。马云认为："如果做到一定程度就忘掉自己是谁，那就做不到最好，身边的人都会离开。"反过来想，如果一个成功的企业家身边的团队还是当初创业时的团队，朋友还是那些朋友，是否能说明本性不移？

"满大街一抓一大把的普通人！不过运气不错，智商一般，但是个福将。"这是马云在阿里巴巴博客上的自我介绍。马云曾这样说过："我觉得一般来讲比较自负的人情商都低，把自负、把自己降低以后，情商就会高起来。"

然而就是这样一个看不出有什么异样才华的马云，现在却拥有一家世界知名的阿里巴巴公司，被无数学生、创业者奉为偶像，得到政企各界人士的赞扬和支持。

马云何以有这样的领导力？答案是：马云领导力源于其个人对自我与现实的认知，再以其个人为起点不断拓展到企业阿里巴巴，进而再拓展到网商、社会，这个由内而外的过程将其领导力推上了高峰。但因"欺诈门"和"支付宝风波"，也掀起了社会对马云的质疑和批评，同样其领导力也是由内而外消减的。马云懂得认识自己。他说，要"明白自己有什么，明白自己要什么，明白自己放弃什么"，要"建立自我"。在他踩三轮的那段时间，偶然捡到路遥的《人生》，就坚定地对自己说："我要上大学。"当他成为杭州十大杰出青年教师，校长许诺他外办主任的位置时，马云脑子里想的却是"我一辈子就教给学生书面的东西吗"。创业成功后，他告诉自己"我不是商人，我是企业家"，要不断创新，要承担社会责任，要推动商业文明的发展，要改变世界。这就是知道自己是谁的马云。

很多人认为马云是"骗子"、"疯子"、"狂人"，那是因为没有走进马云的内心世界，没有走进电子商务的世界。正是出于对自我和电子商务的认识，马云才会有无限的梦想、激情与狂热，才会有狂傲的资本。[①]

2013 年马云宣布，他将正式卸任集团 CEO 一职，由阿里集团原首席数据官陆兆禧接替。人们不禁心存疑问，年方四十八，正是好年华，精力尚充沛，为何要辞职？这还是源于马云对自己的了解。马云这样说："30 岁的人要为别人承担责任，为了别人承担责任，你必须任何事都勤勤恳恳、努力去干，什么事情都去干，去挑战，去做。

"40 岁的时候，你必须明白什么是最强的，你自己做得最强最好的，如

---

① 刘永炬. 马云的自我之战与领导力盛衰 [OL]. 中国企业家网，[2011-09-07]
http://www.ileo.com.cn/column/28/2011/0907/229480.shtml

果你做到最强最好以后，你才知道我能够最强最好地为别人服务。

"到了 50 岁的时候，你要明白你的希望是在于未来，花更多的时间去发现、寻找、培养年轻人。

"到 60 岁的时候，你一定要记得，哪些地方你没去过，哪些饭馆没坐过，你得去坐坐。每个人都要明白，有时候都为了别人的目的，是为了自己，因为你前面 30 岁的努力，40 岁的努力，50 岁的努力，是可以让你到 60 岁的时候，安心地说，我终于可以为自己干点事儿。

"其实我是自己这么看自己，我觉得年龄大了，公司里有的时候在讨论的时候，我的脑袋跟不上我很多同事的节奏。很多东西，淘宝的规则，在座的人我敢保证，你们要比我们淘宝的很多员工更懂得淘宝的游戏规则，淘宝的很多员工，要比我更懂得淘宝的游戏规则，当然这是个好事情。所以时代在变。

"说真心话，我觉得自己对互联网来说有点老了。我见过很多苍老的领导者，七八十岁了还在开大会，我问过自己，要不要成为这样的人？我和朋友开玩笑说，如果有一天我和员工说话时垂头瞌睡，他们肯定不好意思说我；但我还死守着位置对大家都不好。你爱自己的孩子，就要让他独立起来；爱自己的公司，就让比你更懂这家公司的人去驾驭。"

48 岁，对于一般职业尤其是从政当官或在国企做老总的人而言，或许正当年。但是，对于日新月异变化多端而且竞争异常激烈的互联网来说，年近知天命之年尚在一线带领大家打拼，确乎是有点"老"了。如此明智的人，因为不多，而愈加难能可贵。马云袒露心迹说："今天我对这家公司还是正能量，但我总在变老，我不想明天变成负能量。"

第六章

决定人生高度的领导情商

领导的智商很重要，但实际上，情商的重要性超过了智商。美国一家很有名的研究机构调查了188间公司，测试了每间公司高级主管的智商和情商，并将每位主管的测试结果和该主管在工作上的表现联系在一起进行分析。结果发现，对领导者来说，情商的影响力是智商的9倍。智商略逊的人如果拥有更高的情商指数，也一样能成功。

创新工厂创始人李开复表示："从我的经验和一些最近的研究结果看来，领导能力中最重要的是所谓的'情商'。据研究，在对个人工作业绩的影响方面，情商的影响力是智商的2倍；在高级管理者中，情商对于个人成败的影响力是智商的9倍。"

领导力不是支配和控制，而是说服人们向共同目标努力的艺术。此外，在对自己职业的管理中，最关键的是识别自身对工作最深刻的感受，了解什么样的改变能使我们对工作更为满意。

人在压力下会变得愚蠢，在团队中无法控制怒火，对同事的感受麻木不仁，可能产生灾难性的后果。

第一节　有效的批评

俗话说"玉不琢，不成器"。因此，作为一名管理者，如果你想塑造一个训练有素的、团结的、有战斗力的员工队伍，如果你想让你的下属按照你期望的方式和行为来完成任务，取得预期的成果，就必须要有效地掌握"批评"这个武器，来矫正、规范和塑造员工的行为、团队的文化、打造团队的整体战斗力。这些挂着"总经理"、"总监"、"经理"、"主管"头衔的管理者们真的懂得怎样有效地批评员工吗？真的懂得批评员工的"小技巧"和"大道理"吗？

2010 年 1 月 22 日，当 1000 多名支付宝员工兴冲冲地赶到杭州人民大会堂参加公司年会的时候，他们迎来的却是一个"沉闷"的开场。

没有舞台装饰，没有音乐背景，甚至没有灯光，黑暗中所有支付宝员工听到的是一段段来自用户的声音，所有的声音片段都来自于客户部门的电话录音。

录音的内容很刺耳，没有常见的歌功颂德，"没有任何好话"，全部都是指责、抱怨、无奈、骂、恨、批评。马云说道："烂，太烂，烂到极点。"

马云随后登台，并选择在此场合如此形容支付宝的用户体验。马云表示："我希望大家有勇于承担的勇气，成立支付宝需要勇气，做支付宝更需要勇气，发展支付宝你需要的勇气就更大。今天的支付宝跟十年以后比，它连1%都不到。很多公司，都活不到五年，活到五年以上的公司没有这么一次疼痛，没有这么一次折腾这个公司是走不长的，今天我认为是支付宝开始正视自己的问题的时候。"

警察出身的支付宝总裁邵晓锋甚至当场落泪。马云表示："人一辈子曾被别人狠狠批评过是个好事。"作为一个管理者一定要记住批评的目的是为了更好的激励。

要想使得你对员工的批评富有成效，要让别人心悦诚服地接受你所指出的缺点，并心甘情愿地做出调整和改变，首先需要明白的一个"大"道理就是"尊重"：你必须从真心帮助对方进步的角度出发，用不失对方自尊的、能够给对方带来积极情绪体验的方式（至少不能是消极的情绪体验）来给出你的批评、你的反馈。事实上，批评员工，最根本的目的是"消除过失，而保护个人"，即纠正员工的不当行为，而避免攻击他的人格缺陷，避免否认他的个人价值。因此，有效批评的第一个原则就是"指责行为，尊重个人"。如果你纠正的是一个具体的行为，而并不伤害他们的个人情感，他们就不会感到需要为自己辩护。

然而，批评通常就像是在木板上钉钉子。即便把钉子拔了（批评过去了），钉眼还会留在那里。因此，要想使你的批评更有效，并把这种"钉眼效应"降到最低，甚至使之消于无形，就需要做到另外一点：赢得员工的"认同"，即让员工对你的批评心服口服。

美国前总统艾森豪威尔曾经说过:"领导是一门艺术,它让人们去做你想让他们做的事情,而且他们非常乐意去做。"而作为一个领导人、一名(高级)管理者,你的一言一行、一举一动,你做的决定,你说的话,甚至仅仅是你脸上的表情都会影响员工的士气!但是,只有正确的指导思想,才能让你产生正确的行为。因此,你说,作为管理者的你,不学习有效的批评行吗?不懂得有效批评的"大道理"、"大智慧",不掌握、探索、实践、完善那些有效批评的"小技巧",行吗?[①]

一、切忌当众批评

美国玫琳凯化妆品公司董事长玫琳凯在批评人时,绝不坐在老板台后面与对方谈话。她认为办公桌是一个有形的障碍,办公桌代表权威,给人以居高临下之感,不利于交流和沟通。她总是邀对方坐在沙发上,在比较轻松的环境中进行讨论。玫琳凯要批评一个人时,总是单独与被批评者面谈,而绝不在第三者面前指责。她认为,在第三者面前责备某个人,不仅打击士气,同时也显示批评者的极端冷酷。她说:"一个管理人员在第三者面前责备某个员工的行为,是绝对不可原谅的。"

---

① 程建岗. 批评员工的"小"技巧和"大"道理 [OL]. 商业评论网,[2010-07-19] http://club.ebusinessreview.cn/blogArticle-24891.html

二、避免比较批评

领导往往容易犯一个小小的错误，就是在两个或者多个下属面前进行比较批评。也就是说，通过表扬一个下属，来强化对另一个的批评。这也是我们常有的一个心理习惯，喜欢比较。我们常说，有比较，才有鉴别。领导把这个观点也拿到了对待下属的批评上面，这其实不是一个正确的方法，这种情况，比当众批评人还要严重，还要令下属不高兴。当众挨骂只是说明我错了，在同事面前挨骂失点面子。但是比较批评，是明确告诉下属，在这个方面，你明显不如你的同事。我们都是很自尊的，都不希望比别人差，你这样说我不如他，我如何心安理得，如何敬佩你的领导水平？所以，这种方式是要避讳的，这会对下属造成较大的心理冲击，甚至让下属产生较大的逆反心理，后果也可能很严重。

三、运用三明治批评法

当一个人发脾气、心情不愉快的时候，你去找他谈事情，往往很难谈；当一个人高兴的时候，你去找他，他往往容易接受。人在高兴、愉快的时候，心理抵抗力是比较弱的，容易接受让步，容易接受批评；先批评，心情一下子落下来，情绪低回，对你的表扬也可能没有什么兴趣了。所以，批评人时，最好是先表扬再批评，而不是先批评再表扬。先批评再表扬，你的批评对方可能什么都听不进去，表扬的效果要大打折扣，而先表扬再批评则可弥补这一缺陷。

选择先表扬后批评不仅符合人性心理，也符合我们的行为特征。比如，我们吃一粒很苦的药丸，如果在外面包一层糖衣，显然更容易吃下去；我们在总结我们的报告时，常常是先总结成绩，再提出问题和改进措施。因此，先表扬再批评，对于领导者，尤为重要。

卡尔文·柯立芝于 1923 年登上美国总统宝座。这位总统以少言寡语出名，常被人们称作"沉默的卡尔"，但他也有出人意料的时候。柯立芝有一位漂亮的女秘书，人虽长得不错，但工作中却常粗心出错。一天早晨，柯立芝看见秘书走进办公室，便对她说："今天你穿的这身衣服真漂亮，正适合你这样年轻漂亮的小姐。"这几句话出自柯立芝口中，简直让秘书受宠若惊。柯立芝接着说，"但也不要骄傲，我相信你的公文处理也能和你一样漂亮的。"果然从那天起，女秘书在公文上很少出错了。[①]

四、具体

选择有意义的事件，既能够显示需要改变的关键问题或缺陷模式的事件，比如无法顺利完成一项工作的某些部分。如果员工只听到他们"做错了"，但不知道具体错在哪里，也就无法改进，这样会打击员工的士气。关注具体的细节，明确员工哪些地方做得好，哪些地方做得不好，以及应该怎样加以改进。不要旁敲侧击或拐弯抹角、回避问题，混淆真正有用的信息。批评员工时要指明问题是什么，具体错在哪里，你对问题的态度，以及应该

---

① 庞志刚. 领导如何委婉批评下属 [OL]. 猎聘网，[2014-03-09]
　http://artille.liepin.com/20140309/312888.shtml

如何改进。

对于赞扬，具体同样重要。当然，含糊的赞扬不是一点儿效果都没有，但是效果不大，而且你无法从中学习。

五、及时反馈

心理学家 J．R·拉森认为："员工表现出来的大多数问题都不是突然出现的，它们慢慢地与日俱增。如果上司无法让员工及时了解他的感受，上司就会越来越沮丧。然后有一天，他就会发作出来。如果他及早提出批评，员工就会改正错误。但人们常常在事情不可收拾的时候提出批评，此时他们往往过于愤怒，无法控制自己的情绪。这时候他们就会以最糟糕的方式提出批评，回想起长久以来积压在内心的种种不满，语气充满了挖苦和嘲讽，甚至发出威胁。这种攻击效果往往适得其反，被批评者将其视为侮辱，因此也会感到愤怒。这是激励员工最糟糕的方式。"

六、员工批评的"大智慧"：用心

老子说："大巧若拙。"他的意思就是说，真正的巧不是那种违背自然的规律，卖弄小聪明的"权谋"，而是那种处处顺应自然的规律，在这种顺应中，使自己的目的自然而然地得到实现的"智慧"。

那么，批评员工的自然规律是什么？就是人性中最基本的渴望"被尊重"。而要想顺应这种规律，实现有效的批评，最重要、最基本，也是最简单的一个技巧就是：用心。即作为管理者的你要用心了解员工的价值观，用心了解他认知事物的方式，用心选择说服他的方法。

用什么心？用对待客户的心，用谈恋爱时对待爱人的心。想想吧，如果你想对你的客户提出批评或负面的反馈时你会怎么做？你一定会用心去想一个他最能接受的方式，而且还会设法告诉他你的意见是对他有利的。同样，如果你想对你的恋人提出批评，你会怎么做？你肯定会找一个她心情还不错的时候，用最委婉的方式，耐心地（甚至还会拐弯抹角地用举例、隐喻等方法）把问题讲出来，最好的结果是你在讲的过程中，让她自己觉得自己的行为不妥。而且，聪明的批评者还会在委婉地"批评"完自己的爱人之后再带她去看看电影，或者逛逛街，或者美餐一顿，来消除那个"钉子眼儿"。

因此，当你觉得你对员工的批评为什么总是不能被他接受的时候，你不妨问自己一个问题：我批评员工的时候用心了吗？

第二节　营造和谐的氛围

作为领导，他的一言一行对公司整个氛围的影响都是很大的。作为企业的领导，要让下属信服，就要先从自我做起。因为领导的一举一动，通常是大家的目标和榜样，会给下属留下深刻的印象。创新工厂的创始人李开复曾这样回忆："有一次，我给我领导的所有团队开完会之后，有一个团队的成员问我为什么不喜欢他们那个团队。我说：'哪有这样的事呀？'他说：'你表扬了每个团队，但你在提到我这个团队时，声音最小。'这件事让我认识到：你的责任越大，越会有更多的人在意你的一举一动。如果处理不好，一个不经意的举动就可能会造成负面的影响。特别是当公司或团队处于危急时刻，需要领导带领大家克服困难、冲出重围时，如果领导表现得比职员还要急躁，翻来覆去拿不定主意，大家就会对领导丧失信心，公司或团队也会因此而走向失败。无论是在公司还是在学校，无论是老师、上司、同事还是下属，他们对你的认识和态度会真正影响你的发展。能理解别人的先决条件是客观地认识自己。所以，不但要做自觉的人，还要主动要求周围的人给自己提供反馈意见。别人眼中的自己更为重要。要想办法尽可能多地了解别人（尤其是情商高的人）对自己的看法，听取别人对自己真诚、客观的意见，应当相信别人的直觉，帮助自己增进自觉，改进自我。只能修正自己，不能修正别人，要建立良好的人际关系，首先要有正确的态度。态度决定行为，行为决定习惯，习惯决定性格，性格决定命运。在与人相处的所有态度中，最重要的一种是：想成功地与人相处，想改变别人或让别人迁就自己，唯一的方法就是首先改变自己。"①

　　马云在阿里巴巴努力营造一种轻松愉快的氛围，以减少企业内部的摩擦。

　　阿里巴巴 LOGO 是一张笑脸，阿里巴巴的文化就是微笑文化；阿里巴巴被誉为"中国笑脸最多的"互联网公司。马云说："我们阿里巴巴的 LOGO 是一张笑脸。我希望每一个员工都是笑脸。"

　　马云认为，人有一样东西是平等的，就是一天都有 24 小时。不快乐地工作就是对自己不负责任。阿里巴巴对员工的工作时间没有严格的打卡要求，只要完成工作任务随便什么时候上下班。阿里巴巴人事部管理人员说道："像 IT 业，研发性的工作用脑量大，员工处于紧张繁忙的状态。提供优雅一点的工作环境，可以让员工心情舒畅，开心工作。"

　　尽管行业不同，工作性质不同，但是出于"让员工快乐而投入地工作"这样一个共同目标，有些好办法好想法是相通的，比如阿里巴巴那些别致的套路。在阿里巴巴，每个新进员工都被要求取个绰号，来源于各武侠小说中的人物名字，唯一的要求，要"正面人物"，比如"郭靖"、"黄蓉"、"铁木

---

① 桓浩然. 李开复的 18 堂职场经营课 [M]. 北京：华夏出版社，2012.

真"等。

每个绰号都要正儿八经报人力资源部，以后公司系统登录，同事间相互称呼，以绰号为正。在阿里巴巴只知绰号，不知真名非常普遍。一个绰号，让员工间生出很多乐趣来。

阿里巴巴首席人力官彭蕾说："阿里巴巴打造的工作气氛是外松内紧。我们是非常讲究执行的公司，以结果为导向，但是这是内紧。我们也非常希望营造一种很宽松的环境，让员工快乐地工作、快乐地生活。公司必须为自己的员工解压，如果他的压力很大，每天都唉声叹气，像包身工一样，那就太可怕了。所以在阿里巴巴不习惯的人很不习惯，他会觉得放弃自己的很多想法，按照这个团队的方式来做事。享受的人也会很享受，如果他是一个很积极生活的人，那阿里巴巴是一个很好的选择。"

2005年，阿里巴巴公司荣获 CCTV 中国年度雇主称号，阿里巴巴员工被认为"最快乐"。马云认为，员工工作的目的包括一份满意的薪水，快乐地工作和一个好的工作环境。其中最重要的就是在企业中能快乐地工作。马云曾不止一次地强调，阿里巴巴最大的财富就是阿里人，马云表示："让员工快乐工作是好雇主应该做的事情，总之一定要让员工'爽'。在阿里巴巴，员工可以穿旱冰鞋上班，也可以随时来我办公室。把钱存在银行里，不如把钱花在培养员工身上。把钱投在人身上是最赚的。"

阿里巴巴集团获得 2014 中国任仕达奖内资企业组最佳雇主金奖。一直以来，阿里的业务是充满想象力与趣味性的，对于整个阿里的大家庭来说，员工与企业的关系，是一种彼此协作、彼此激发的关系。通过相互促进与合作，去实现企业及个人的理想是坚守阿里文化价值的体现。除了提供有竞争力的薪酬福利和人才培训体系，阿里巴巴提倡快乐工作，认真生活，将"成为员工幸福指数最高的企业"写进了阿里巴巴愿景之中。工作与生活的平衡是一门大学问，企业与员工之间、员工相互之间健康正向的关系，是支持企业长期发展的基础。

马云是整个公司的"开心果"。在公司里，他就像个闲不住的大男孩，一不留神就出现在员工身后，眉飞色舞地聊聊业务，不露声色地给些启发。他曾把手机铃声设成《我们是共产主义接班人》；喜欢围棋，可是下得很臭；玩四国（一种游戏），也很臭；玩"杀人游戏"时总是第一个出局，因为话太多。事实上，他非常注意控制压力的范围，绝少向员工传递。这使阿里巴巴的员工都成为"快乐青年"。

"压力是自己的，不应传染给员工。我一直和我的同事说，没有笑脸的公司其实是很痛苦的公司。"马云说，"我最喜欢猪八戒的幽默，他是取经团队的润滑剂，西天取经再苦再累，一笑也就过了。我们公司的 LOGO 就是一个笑脸。"

微笑让大脑进入"真正的冥想状态"，并且能增强记忆力。研究人员称，微笑的影响与"真正的冥想状态"相似，可以提高记忆力，缓解压力。Mark Prigg 研究人员发现，微笑能神奇地改善（人们的）健康状况，其效果和深度与冥想一样好。他们称微笑可以尽量减少压力荷尔蒙分泌引起的损伤，还说可以更广泛地被用于常规的治疗。

最近的研究表明，压力荷尔蒙皮质醇会损伤特定的脑神经，并对记忆力和老年学习能力产生负面影响。（因为之前的研究表明）微笑在多方面有利于健康，包括高血压、糖尿病和心脏病。洛马林达大学的研究人员想搞清楚，微笑是否也可以改善记忆力。研究该项目的博尔科·李博士说："这很简单，你的压力越小，记忆力越好。

"幽默可以减小如皮质醇这样有害的压力荷尔蒙对记忆海马神经元的损伤，降低血压，增强血液流通，改善心情。这些积极有利的脑神经化学反应反过来促使免疫系统更好地工作。愉快的笑立即产生脑电波波频，这种脑电波和人们在真正的沉思状态下产生的一样。"①

---

① 微笑可提高记忆力 [OL]. 译言网，[2014-05-03] http://article.yeeyan.org/view/334515/406690

第三节　建立良好的关系网络

在企业中，"是谁"比"是什么"更重要。公司中有人提出新构想，如果它是由老板提出的，每个人都会认真地考虑；如果它是由一位名不见经传的小职员提出的，最后可能被束之高阁，往往会使企业错失机遇或面临危机。面对这种问题，阿里巴巴的处理办法是强调沟通与理解，不管是同事之间还是上下级之间，光明正大地处理各种争执，将可能破坏团队稳定与团结的暗流消灭在萌芽之前。

沟通带来理解，理解会使合作更有效。在阿里巴巴团队中，人们相处得轻松愉悦，没有任何沟通障碍。

在阿里巴巴创业初期，各位创业元老争论的东西太多了。有的时候争论过了头，个人情绪化的问题都爆发了出来。为了避免因为这些争论影响团队的合作，阿里巴巴制定一个原则——简易。要非常简单。我对你有意见，我就应该找你，找到门口，谈两个小时，要么打一场，要么闹一场，我俩把问题解决掉。如果你对我有意见，你不来找我，而是去找第三方的话，你就应该退出这个团队。随着阿里巴巴的不断发展，面对面的直接交流已不可能。为了保持整个团队的无障碍沟通，阿里巴巴充分利用了互联网的便利。马云在一次演讲中这样说："我们反对在内网上实行匿名制。我们倡导的是 open（开放）的文化。匿名制只会使人与人之间互相怀疑、猜测。他可以很不负责地说一些很不负责的话，或者他说的话是负责任的，但他又不愿意说他是谁或别人是谁，而使公司的员工都在猜测。阿里巴巴是所有员工的，是股东的也是我们会员的。我们没有什么话不可以说。现在我们开设了一个 open@alibaba-inc.com 的信箱，大家可以不落名。我们很欢迎大家来信，并且保证一定有答复。"

马云表示："阿里巴巴非常简明，没有小的利益集团，没有利益集团的相互斗争。我非常感动，在这么热的天，在'非典'时期，我们外部的销售员仍旧在烈日下跑客户。做好，很不容易，但是我们后端也非常好。钱，它是个结果，它是个副产品。我们真正是帮客户创造价值，创造独特的价值，与其他所有网站不一样，与其他企业都不一样，我们做的要比别人做得好。"

2014 年 5 月 9 日，就在阿里巴巴在美国提交备受期待的 IPO（首次公开募股）申请后的第三天，阿里巴巴就在杭州举办了一场员工集体婚礼，马云在婚礼上发表了以上致辞。102 对新人呼应马云提出的阿里巴巴发展 102 年的目标。马云肩披红毛衣，一身休闲打扮，牵着童男童女踏过红地毯，并向新人们敬酒称贺。像这样的联谊活动只是阿里巴巴企业文化的一小部分，正如阿里巴巴在申请文件中所述，这种文化对该公司的成功"至关重要"。阿里巴巴也从最初 18 个创始成员的团队滚雪球般扩张至如今拥有 24000 名员工的企业巨头。一些早年初创时期的文化要素一直保留至今。

阿里巴巴团队中的人们会一起工作、一起倒立，共同使用轻松幽默的武侠语言，一起在阿里巴巴的员工大会上为马云反串的白雪公主捧腹大笑。团队拥有共同的价值观和使命感，拥有相同的语言风格……这都是阿里巴巴团队沟通无障碍的保证，而团队的有效沟通也是阿里巴巴发展迅速的秘诀之一。

企业大了，会面临一个问题：各部门的员工因为缺少沟通而彼此陌生。阿里巴巴就用"帮派"来解决这个问题。阿里巴巴内部有五大帮派，员工根据自己的绰号加入不同帮派，工作的员工领导关系在帮派里被彻底打破，即便处在最基层的员工也有机会一跃成为帮主，统领工作中的上司。

每年一届武林大会，比的是 K 歌，或者运动。五大帮派汇聚一堂争夺"天下第一"。

阿里巴巴的员工还民间自发形成了"阿里十派"，如电影派、摄影派、宠物派，"杀人派"等等。

阿里巴巴集团首席人力官彭蕾在一次发言中说："我们希望在阿里巴巴工作的所有人，他既可以快乐工作，也可以快乐生活，同时他可以实现他个人的价值和成就感。我们为了让他们快乐工作，成立了很多派，叫'阿里十派'，当然有很多娱乐的，篮球、足球，甚至电影派，让这些年轻人有一个志同道合的组织可以去玩。同时在'阿里十派'当中，有一个派叫爱心派。爱心派就是一些具有慈善公益意识的员工自发组织的一个团体。在地震灾后重建小组当中，大多数都是爱心派的同事，大家会自发地做一些事情。"

更让人捧腹的是各派别的使命口号，一扫工作中的紧张严肃气氛：学好 ABC，泡洋 GG 追洋 MM（英语派）；打好羽毛球，回家拍蚊子（羽毛球派）；凡是未驾的、已驾的，想驾的都来吧（车友派）等等。

第七章

用情感领导和管理团队

第一节　情感磨难提升领导力

　　单纯的智力并不足以造就一个成功的领导者，领导者要通过激励、引导、倾听、说服以及建立共鸣感（这是至关重要的一点）来实现自己的理想。正如爱因斯坦所言："我们应该小心谨慎，以防智力成为我们的上帝。当然，它有强健的体魄，但却没有人格。它所具有的只是服务作用，而不是领导作用。"

　　情商对于一个领导者非常重要。我们会经常发现，有些人因为专业能力出色而升职为领导，但在领导职位上工作得一塌糊涂；而有的人专业能力一般，但在领导职位上发挥非常出色。其中一个很重要的原因就在于领导者情商的高低，情商高低比专业能力高低更能决定领导者的表现。这就是管理学的一个经典悖论：一个人因为专业能力杰出而被提升为领导者，但他之所以是一个好的领导者，并不是因为他的专业能力有多强，而是因为他的情商非常高。

　　这么说不是说领导者的智商和专业能力不重要，如果他这方面不够强的话，他根本就没有机会成为领导者，而是说这只是领导者的一个门槛能力。一个人因为专业能力被提升为领导者之后，千万不要以为自己已经顺理成章地就是一个好的领导者了，一个优秀的领导者需要漫长的修炼，真正的路才刚刚开始呢！

在管理理论发展过程中，"以人为本"已成为组织管理的核心理念，人的情感开始成为管理的依据因素之一，有效的领导力就是最大限度地影响追随者的思想、情感乃至行为，领导者的情感对于组织成员具有极强的感染力和示范作用。因此，对于一个领导者而言，有意识、有目的地培养和提升自己的积极情感，加强情感管理，进而与组织成员产生情感共鸣，已成为提升领导力的有效途径。

有些情感引导我们走向我们所看见的，倾向于它或寻求于它，我们称为"积极情感"，由"积极情感"的凝聚所表现出的有益于组织发展的积极力量，叫积极情感力。这种力量是组织中每个成员对组织的依托、信任和忠诚的集中体现。领导者是积极情感力的情感启发者，领导者的情感会感染和影响整个组织的情感氛围，因此，领导者积极情感的高低是影响领导者领导力强弱的重要因素之一；另有些情感使人们背离我们所看见的，憎恨于它或丢弃它，我们称之为"消极情感"。对情感的深入研究发现：它作为人的主观行为反映的不是客观事物的本身，而是具有一定需要、愿望或观点主体与客体之间的关系。一般来说，凡能满足人的需要或符合人的愿望与观点的客观事物，就使人产生愉快、喜爱等肯定的情感体验。反之，就使人产生烦闷、厌恶等否定的情感体验。①

---

① 吴小玲，李斌斌，周培松. 情感对领导力的影响探析 [J]. 学习月刊，2009（24）.

由于情商不高，不少领导者都有了如出一辙的折戟沉沙的历程。他们的智商都很高，在从政的初始都有突出的表现，但在前途大好的情况下，就因为一些小小的挫折便情绪波动、情感失控，最后都做出了一些无可挽回的蠢事、错事，成为发人深思的政治失败者。三国时代的周瑜，少年才俊，风流倜傥，雄姿英发，但由于嫉贤妒能，时常感叹"既生瑜，何生亮"，终被诸葛亮三气而死。邓小平三起三落，丹心不改，实事求是，解放思想，大胆实行改革开放，使中国人民走上了富裕道路。这些领导者无一不论证了情商在干事创业中所扮演的重要角色。

情商到底有多重要？丹尼尔·戈尔曼用数字量化了情商对领导者的作用。他发现情商对出色绩效的贡献率至少是专业技能和智商的贡献率的两倍。如果将身居高位的业绩明星与业绩平庸者相比，可以发现他们的业绩差异有将近90%源于情商因素，而不是专业能力。不仅如此，一个领导者在公司中的职位越高，情商的作用就越重要，因为在这个层面上，专业能力上的差异已经无足轻重。

1991年底，新东方董事长俞敏洪即将迈向而立之年，走出北大成了人生的分水岭。

"北大踹了我一脚，当时我充满了怨恨，现在充满了感激。"俞敏洪说，"如果一直混下去，现在可能是北大英语系的一个副教授。"

这些幸运和不幸，都在北大降临于他。他注定是大器晚成的人：高考三年，迟到的爱情，病魔的耽误，拖沓三年半出国未果，还有学校的不公处分。北大成了一切酸甜苦辣的吞吐地。

"我是唯一他们不会想到我会搞出这个学校的人。"俞敏洪坦然地说，"任何一个人办了新东方都情有可原，但我就不能原谅。因为我在同学眼里是最没出息的人。真是这样，你可以去问他们。所以我用事实告诉那些在国外的大学同学，我的成功给他们带来了信心，结果他们就回来了。"现在他自诩他像"一只土鳖带着一群海龟在奋斗"。

俞敏洪的高三补习班同学、现在的北京新东方校长周成刚调侃地说："苦苦奋斗了二十几年，想不到竟要受他制裁！"

许多成功的高管都在人生经历上有着一些深刻的烙印。这些烙印反映了两个特点：这些高管在生活或工作中曾经历比较艰辛的逆境，甚至是心理创伤；他们都拥有正向思维方式，或者说正能量。领导力大师沃伦·本尼斯指出，反映和预测真正领导力的最可靠指针，是人们从负面事件中寻找积极意义、从最严峻的考验中汲取力量和智慧的能力。

领导力的发展通常 70% 来自亲身体验，20% 来自向他人学习，10% 来自培训和理论学习。之所以需要亲身经历，正是为了寻找一些能够触及心灵、引发反思的事件，而且这些事件往往都是负面的、意想不到的，这样才能带来足够的冲击。善于学习的人能够从这种冲击中获取能量，完成自身的转变。

马云表示"要历经磨难才会成为一代高手"。"生活是公平的，哪怕吃了很多苦，只要你坚持下去，一定会有收获，即使最后失败了，你也获得了别人不具备的经历。"和许多企业家不同，马云坦承自己有压力，他的语录中还有著名的一条：男人的胸怀是委屈撑大的。尤其收购雅虎中国之后的一年，马云承受了巨大的压力。在 2005 年，他有一大半时间待在北京处理各种各样的难题。

"压力是躲不掉的。一个企业家要耐得住寂寞，耐得住诱惑，还要耐得住压力，耐得住冤枉。外练一层皮，内练一口气，这很重要。"马云说，"武林高手比的是经历了多少磨难，而不是取得过多少成功。"压力和磨难一点也不妨碍马云自己爱自己，他很看重自己的休息。工作所迫，他经常需要在飞机上消磨时间，午餐也常常要到下午两点才吃得上。但他坚持准时吃晚餐，保证七八个小时的睡眠。"睡觉是很重要的休息。"马云说。

　　每年，他还会和家人一起去度假，大部分时候是去国外，偶尔也在国内转悠，比如西部。打高尔夫和遛狗也是他重要的锻炼方式之一。马云养了一条纯种的德国牧羊犬，名字叫"阿波罗"，因为他信奉"太阳神阿波罗"是最棒的。据说，马云常常半夜带他的狗散步放松。"就是有段时间瘦了点，现在又恢复了。"马云笑着说。

第二节 不要绑架员工的情感

消极的情感——尤其是长期的愤怒、焦虑或者徒劳感——会极大地扰乱人们的工作，同时分散对手头工作的注意力。值得注意的是，团队成员自身并没有意识到个人情绪所产生的影响。

员工与领导的谈话十有八九会产生消极的情绪，比如沮丧、失望、愤怒、悲伤、厌恶或痛苦。相对于顾客、工作压力、公司政策或者私人问题而言，这些谈话更能让大家感到烦躁不安。这并不是说领导者需要多么善解人意，领导力的情感艺术应包括强调工作需求的现实，同时又不会让员工感到过度不安。心理学中最古老的一条定律认为，如果焦虑和担忧的增加超出了适当的水平，就会削弱人的心智能力。

忧虑不仅可以削弱人的心智能力，也会降低人的情商。心烦意乱的人无法准确获得其他人的情感，同时也会降低同意、理解的心情所需的最基本的技能，最终破坏他们的社交能力。

另外一个考虑是，工作满意度的最新发现表明，人们在工作中所感受到的情感可以最直接地反映真实的工作生活的质量。事实证明，人们工作中感受到积极情感所占的时间比例，是人们工作满意度中最强的预测指标之一，比如它会影响员工辞职可能性的大小。从这个意义上来说，传播消极情绪的领导者对企业有害无益，而那些传递积极情绪和正能量的领导者则会推动企业成功。

阿里巴巴初创时，马云知道加班会是常态，于是要求大家住在离办公室步行5分钟就能到的地方，大家租的都是附近最便宜的民房。工资大家都一样，每月500元，10个月内没假期。马云表示："发令枪一响，你不可能有时间去看对手是怎么跑的，你只有一路狂奔。"

马云也早就有话在先："我许诺的是没有工资，没有房子，只有地铺，只有一天12个小时的苦活。"

湖畔时代的作息时间是早9点到晚9点，每天12个小时，这是正常作息时间。每天都会有一个人早来一些，早走一些。加班时，每天要干16个小时甚至更多，而加班又很经常。每遇新版发布，加班是不可避免的。湖畔花园里有一个小会议室，可以打地铺，那时很多人睡办公室的时间不比睡租房少。

工程师们更是如此。那时工作的确很辛苦。阿里巴巴创业团队中的一帮女孩很吵，为了避免和女孩发生冲突，几个工程师关在一间小屋里，把工作时间调到晚上10点到凌晨4点，这时办公室里很安静。时常工作得太晚了，倒地就睡，就不回家了。

韩敏说："每天早上打开门，就见地上横七竖八的都是人，要小心绕过去才行。"在马云家的办公室，最多挤过35个人。

创始人之一的金建杭感触颇深，他说道："我们团队凑在一起的50万元，马上就要花光了。原本打算坚持 10 个月的，结果还剩 2 个月时钱就花光了。大家尽可能在各个方面省钱，比如我们打车，一看桑塔纳，举起来的手又放下，回头装作和人聊天，看到夏利车才坐上去。"这是因为桑塔纳比夏利贵 1 块多钱。

在吃饭方面，阿里巴巴的团队也是省到了家。开始大家订 6 块钱的盒饭，后来改成 4 块钱的，结果鸡块变质造成集体食物中毒，集体到医院打吊瓶。偶尔，大家到餐馆吃一顿，菜刚上来就一扫而光。每逢阿里巴巴新版发布，马云会亲自下厨房给大家做一道烧鸡翅。金建杭说："条件艰苦一点没什么不好，会让机会主义者走开。"

即使是在网站的设备方面，阿里巴巴也是尽可能地自力更生。阿里巴巴一开始的时候，服务器是自己攒的，所有的程序都是用网上开源的程序。访问量稍高一点，站内搜索一多，网站就可能崩溃。这种情况一直持续到第一轮融资之后。1999 年 9 月份，阿里巴巴终于有钱买了第一台 DELL 的服务器。马云、孙彤宇几个人耐不住好奇，第一件事情不是把服务器安装上，而是动手把它给拆了，把盖子掀开，探头看里面的东西。这一看不要紧，几个人同时唏嘘不已："这东西真好啊，瞧瞧里头多干净啊，线都是归整好的。"马云回忆道："1999 年有许多值得纪念的日子。最近和许多老同事聊起当年的情形，许多场面我至今还记得。但是我真的记不清那天是怎么过的了，因为大家忙得忘记了！记得第一天好像很平淡，就是忙！我们那时候挺穷的，所以过得很节约，但是非常开心，我们经常会一起打乒乓球，一起去游泳，一起吵架辩论。

"我记得有一次，我们有四个员工加了一夜班，第二天一大清早全部失踪了。当时我们非常担心，但是后来他们兴高采烈地从西湖边回来了——每人买了一个'背背佳'，那时候工作环境比较差，他们用（背背佳）来防止驼背——我们当时的工作环境实在太差了！"

湖畔时期，写程序的工程师们很辛苦，做客服的编辑们也很辛苦。由于马云要求将信息进行人工分类，这就注定了阿里巴巴的信息编辑比别的网站更累。信息工作的任务是非常枯燥而庞大的，每天必须对信息进行审核，然后进行一百多个种类的分类，包括英文和中文的。当时这些工作是由四个女孩子负责的，分别为马云的夫人张瑛、现阿里集团首席人力官彭蕾以及其他两个女孩子。当时她们把这种工作称作挑毛线，每当做到头昏脑涨的时候，大家就会歇一歇，中场休息开始打牌。

在艰难时刻，马云当然不会忘了时时激励自己的团队。"我们一定能成功。就算阿里巴巴失败了，只要（我们）这帮人在，想做什么一定能成功！""我们可以输掉一个产品、一个项目，但不会输掉一个团队！"

马云在用理想、使命和价值观激励团队时，也没忘了用金钱、股份和利益来激励团队。在湖畔，马云用花园洋房、用股份。"困难的时候永远讲一些美好的事情，要做好左手温暖右手。记得那时候我们在困难的时候经常讲，如果现在有500万你准备怎么花？好，开心了，你准备去挣500万吧。"

1999年，阿里巴巴正式成立后，蔡崇信以瑞典银瑞达公司副总裁的身份到杭州和马云洽谈投资。

经过4天的谈判，蔡崇信出人意料地说："马云，那边我不干了，我要加入阿里巴巴！"

这让马云大吃一惊："你到我这儿来，我养得起你吗？我这每月可就500块人民币的工资呀，你还是再考虑考虑吧。"

蔡崇信担任InvestorAB副总裁可是百万美金的年薪，而阿里巴巴当时只有 500 元人民币，这实在无法让人轻易相信。而蔡崇信认为：马云的阿里巴巴前途很大，我一定要去。

蔡崇信的妻子开始也不同意，但是和马云谈过之后，也感觉阿里巴巴大有前景。

蔡崇信对于为什么要加盟阿里巴巴还作了解释，他说："组成团队是很大的艺术。当时我在瑞典公司做投资，做得不错，没想到创业。为什么来，阿里巴巴特别吸引我的：第一是马云的个人魅力；第二是阿里巴巴有一个很强的团队。1995 年 5 月第一次见面在湖畔花园，当时他们有 16 个人。第一感觉是马云领导能力很强，团队相当凝固。开始做公司，一个人做不起来，有了团队成功的概率会更高。把这个团队和其他团队作比较，这个团队简直是个梦之队。我们团队高层背景不一样，各有短长，可以互补。马云能认识到别人的长处，了解自己的不足和需要帮助的地方。互相弥补的心态很重要，否则会有怨气和冲突，这是组建团队的关键。"

第三节　情绪好则工作状态佳

　　马云是典型的孔雀型性格，在塑造品牌、自我宣传、鼓舞人心方面有天生的优势。马云的自信心指数，是一个优秀的商业领袖所需的最佳水平——充满自信但绝不至于自负。孔雀型的人把愉悦、快乐、被团队成员和社会认可看得非常重要。马云运用自身的这一优势营造出一个热情、快乐、充满激情的企业文化，有一句歌词唱得极有意思："阿里巴巴是个快乐的青年。"

　　当人们心情舒畅时，自然也会表现出最佳的工作状态。积极的情绪可以提高大脑的运转效率，使人们即使在复杂的判断中也可以更好地理解信息，并采取合适的决策规则，同时也使思维变得更加灵活。研究表明，积极乐观的情绪会使人们以一种更加积极的态度来看待他人或事情。反过来，这也有助于人们更加乐观地看待他们实现目标的能力，增强创新能力和决策能力，同时使他们更乐于互相帮助。对工作中幽默感的研究表明，一个适时的笑话或玩笑可以激发人们的创造力，打开更多的沟通渠道，增强他们之间的联系和信任感，当然也会增加工作的乐趣。

高管团队的整体情绪越积极，他们的合作就越默契、成功，自然公司的业绩也就会更上一层楼。换句话说，一个不融洽的管理团队经营一家公司的时间越长，这家公司的市场收益率就会越差。

马云是个极善于运用非物质激励的掌门人。在阿里巴巴，除了工资、福利等保健因素，以及众所周知的股权激励（众多员工持有上市公司股权）、行政激励（只要工作满一年并考核合格，就有资格参加内部竞聘）等，马云几乎有机会就进行"非物质"激励。比如，马云非常善用邮件，采用话家常的方式给员工写信，给予各种精神激励。比较极端的事例，则是其创业初期的"穷开心"策略。

当时，因为没有条件进行物质奖励，马云就采用了一种"穷开心"式的激励方式，想尽各种办法让大家开心。其中之一是给员工"加寿"。对于工作表现好的伙伴，在总结会上马云会给其"加寿200岁"，或者给另一位伙伴"加寿300岁"。有一位早期的创业者，"加寿"最多，共加了9000岁，人们戏称其为"9000岁"。

马云甚至给大家描述自己的梦想场景：带着团队所有人去巴黎过年。就在大家惊喜万分之际，宣布年夜饭后发年终奖：每人两把钥匙。而当众人莫名其妙时，马云说："我给大家每人在巴黎买了一幢别墅，还有一辆法拉利跑车。"有人激动得几乎"晕"了。

马云也曾谈到"穷开心"："我们曾经开过一个玩笑，我们那时候最穷的时候，发不出工资的时候，最快乐的时候，就是创业最穷的时候，等你富了就不开心了，穷开心一定是穷的时候才开心。

"创业最大的快乐就是穷的时候。我记得我们那时候真的发不出工资了，但是很快乐，每一个人应该为梦想而工作，千万不要让员工为你工作。我最怕这一招了，最不可怕的是魅力。娶过老婆的人都知道。千万不要因为这个，而是因为你真正爱他，员工也一样，创业时期总是一点，就是你们互相知道的东西都摊牌，很多人说我创业的时候，都坐在很漂亮的办公桌在那里坐着招聘员工，员工进来就说'哇，真漂亮'，好像是整个公司的钱包都在办公桌上了。"

马云自称不是最好的 CEO，但是员工认为他"重视沟通和交流，希望和大家分享我的创业过程与体会，告诉大家永不放弃你的梦想"。

一个青年员工称："马云和所有的人都没有距离，这是让人最吃惊的。"阿里巴巴一位部门经理称："阿里巴巴是个非常简单的公司，没有别的公司一层层的框架外套，剥开一层还有一层，我们这儿一眼看到底。"

马云不仅会告诉你小时候数学补考过几次，也告诉员工："把复杂的事情简单化，要用胸怀去对付。男人需要胸怀，女人也需要胸怀。男人的胸怀是气出来的，是冤枉出来的。"

马云监督员工工作的方法是时常拎着个高尔夫球棒满公司乱晃，说是要闻一闻公司里的味道对不对。"这在我们的管理中叫'闻味道'。"支付宝销售部的负责人王凯说："不会让下属感觉很唐突，又能及时了解他工作的状态。"时间一长，员工们也逐渐习惯甚至爱上了这种特殊的上下级沟通方式，这也就成为阿里巴巴的一种文化——"闻味道"。

马云说，他只有经常去闻一闻味道，才能了解员工的工作状态和情绪。"谁积极谁不积极，我一闻就知道了，根本用不着让主管来跟我汇报。我只相信眼睛，只相信'鼻子'。""公司必须不断让人家有新鲜感，员工是否喜欢这个公司一下就能看出来。如果员工对公司信心特别强，那么每一点小事大家都努力想办法，每个人都想着怎样为公司省钱。"

第八章
情商激发团队活力

第一节 提升团队情商建立共鸣

领导者的主要任务是激励员工，使他们保持积极乐观的态度，增加对工作的热情，同时培养一种合作与相互信任的氛围。

情商包括四个方面：自我意识、自我管理、感受他人情感（或者叫移情作用）、管理人际关系。只有当情商的四个方面都得到良好的发展时，团队才会产生共鸣。

当团队产生共鸣时会发生什么？

让我们先看一下领导者个人是如何引起共鸣的，然后再看团队的共鸣。如果你是一位能引起共鸣的领导，你首先调整你的价值观、做事的优先顺序、判断的标准和工作目标，并切实根据这些因素来领导团队，通过协调你和团队其他成员的价值观、做事的优先顺序、判断标准和工作目标来进行领导。

当你做出调整以配合其他人时，也会帮助其他人做出相应的调整。简而言之，也就是你创造出一种氛围，使你能够整合出一个共同的使命来激励团队的所有成员。

从团队角度看，"共鸣"可以释放团队成员的能量，使他们的工作积极性无比高涨，从而提升整个团队的激情，使团队成员达到最佳工作状态。在一个有共鸣的团队中，成员们会以积极的情绪一起行动。当团队作为一个整体表现出情商，也就是产生共鸣时，不管表现的评价标准如何，我们都可以预计它会成为最棒的团队。①

"天下没有人能挖走我的团队。"基于公司牢不可破的文化"壁垒"，马云如是说。"整个文化形成这样的时候，人就很难被挖走了。这就像在一个空气很新鲜的土地上生存的人，你突然把他放在一个污浊的空气里面，工资再高，他过两天还跑回来。"

屠铮以前是跳槽王，工作干不到一年觉得不合适就换，可是她在阿里巴巴一待就是5年，用她的话来说："我喜欢这里的简单，和一群志同道合的人在一起，在一个非常良性的环境里，不会有钩心斗角，这才是自己想要的氛围。"也正是因为有了从心里对于公司的归属感，屠铮对于公司的活动都抱有很高的热情。当领导让她做公司年会的总导演时，她也把这个有6000多人观看的"春晚"办得有声有色。

一位来自美国的阿里巴巴员工说："这里的文化也很有意思，都是年轻人，很开放，员工跟老板之间很平等，你可以跟你的老板讨价还价。这里没有沟通的障碍，也不会有很官僚的状况，在这里工作非常开心。"这也成了众多阿里员工留恋这里的一个因素。融洽的团队关系，和谐的沟通环境，愉快的工作氛围，是阿里巴巴一直着力打造的文化。

马云2003年接受《财富人生》节目访谈时说道："我希望在公司管理

---

① 丹尼尔·戈尔曼. 提升团队情商建立共鸣. HR 管理世界，[2004-08-29]
http://www.hroot.com/contents/4/119757.html

的过程中，很坦诚地把自己的思想说出去。同时要想真正领导他们还必须要有独到眼光，必须比人家看得远，胸怀比别人大。所以我花很多时间参加各种论坛，全世界跑，看硅谷的变化，看欧洲的变化，看日本的变化，看竞争者、看投资者、看自己的客户。看清楚以后，告诉他们：这是我们自己的发展方向！你一定要比投资者更有说服力！投资者不可能跟我一样去拜访客户。然后我会拿出一张蓝图，我的同事也不可能拿出这张图来，所以我拿出这样的图时他们会觉得：好！我们就这么走！一个企业最重要的是：从初建的时候就要有自己的使命感、价值观，还有一个共同的目标。我们这些人呼吸与共，就算他们挖走我的团队，肯定也得把我一起挖去。"

阿里巴巴在 2000 年就推出了名为"独孤九剑"的价值观体系。"独孤九剑"的价值观体系，包括群策群力、教学相长、质量、简易、激情、开放、创新、专注、服务与尊重。而现在，阿里巴巴又将这九条精炼成目前仍在使用的"六脉神剑"。阿里巴巴正是在这种认识的高度中不断地完善其企业文化建设。

阿里巴巴每年至少要把五分之一的精力和财力用在改善员工办公环境和员工培养上。阿里巴巴对员工的工作时间没有严格的打卡要求，只要完成工作任务随便什么时候上下班。像 IT 业，研发性的工作用脑量大，员工处于紧张繁忙的状态。提供优雅一点的工作环境，可以让员工心情舒畅，开心工作。

这可能就是一般企业人才流动率高达 10%至 15%，而阿里巴巴连续数年的跳槽率仍然能控制在 3.3%的根本原因。[①]

---

① 刘洋. 马云：没有人能挖走我的团队 [N]. 财经时报，2007-06-23.

第二节　情感激励士气

　　要想取得高绩效，就必须有较高水平的情商：团队充满活力，士气高昂，凝聚力强；工作环境民主、和谐，合作气氛浓厚；团队成员平等、自尊，积极交流，不排斥异己，对工作和任务充满激情；能够时刻对团队自身和外界环境保持理性的认识，拥有团队核心竞争优势和健康的、积极向上的团队文化。

　　很多有识之士早就认识到了企业管理中团队情商的存在和意义。哈佛商学院心理学家夏沙那·鲁伯夫说："企业界在本世纪经历了剧烈的变化，情感层面也产生相应的改变。曾经有很长一段时间，受企业管理阶层重用的人必然善于操纵他人。但是到了 20 世纪 80 年代，在国际化与信息科技化的双重压力下，这一严谨的管理结构已经逐渐瓦解。娴熟的人际关系技巧是企业的未来。"

　　诚如托马斯·彼得斯和罗伯特·沃特曼所著的《追求卓越》一书所介绍的：美国优秀企业的共同之处就是具备较高的团队情商。高水平的团队情商可以提高每一位成员的情商水平，从而进一步提高团队情商的整体水平。高情商的团队能最大限度地发展人、发挥人的潜能，有利于提高企业的创新和应变能力。

成功企业在管理中就十分重视人际关系的和谐，把提高团队情商作为重要的管理策略进行策划和实施。如索尼的家庭观念、摩托罗拉的以人为本观念等等，都在努力营造企业的"家庭"氛围，改善企业内部、团队内部的人际关系，协调和消除各种人际冲突，提高人际关系的和谐度。

微软创始人比尔·盖茨是一个非常谦虚的人。很多年前，在 Windows 还不存在时，他去请一位软件高手加盟微软，那位高手一直不予理睬。最后禁不住比尔·盖茨的"死缠烂打"同意见上一面，但一见面，就劈头盖脸讥笑说："我从没见过比微软做得更烂的操作系统。"比尔·盖茨没有丝毫的恼怒，反而诚恳地说："正是因为我们做得不好，才请您加盟。"那位高手愣住了。盖茨的谦虚把高手拉进了微软的阵营，这位高手成为 Windows 的负责人，终于开发出了世界最普遍的操作系统。

阿里巴巴前 CEO 卫哲对马云的评价是："媒体上的马云并不完全是马云。你们抓到的都是狂啊、疯之类的。或许你们看不懂模式的时候，你们觉得他更疯狂一点。外界不知道他在工作上有多么细致，他带我们见哪怕很小的客户，他关心自己员工吃饭怎么样，最近玩得开心不开心，主管跟你分享的培训经验好不好等等。这一面恰恰是我印象很深的，我觉得阿里巴巴的成功并不是媒体所表现出的，背后还有很多管理方面、人的凝聚力方面所体现出来的价值。"

"关心员工"可以说是马云创造团队凝聚力的法宝。这可以从阿里巴巴员工的话里看出来。

阿里巴巴的一位创业员工说："我感觉他本质非常好，非常善良，比较照顾周围的人，而且不是应付也不是应酬，而是发自内心的关心。他把我们当朋友，他付出从来不讲回报，他很平等待人，而且做得很正。很多事情我们觉得很困难，可是他却说，你看我们还有这么多希望，跟他工作很高兴。生活永远是两面的，你看到特别抢眼的一面就看不到另外一面，他启发我们看另外一面，困难的时候我们也没怎么愁云惨淡，很开心就过来了。他的性格也很好，这些都影响了我们。"

朱文新是最早认识马云的人。1997 年，当马云还在创办中国黄页的时候，朱文新就是第一批网页设计师中的一个。"我家境不富裕，又是广东人，一个人在杭州没有亲戚朋友。马云总时不时找我谈心，了解我生活中的困难，而且总能设身处地地帮我。"朱文新说，"他还鼓励我成为全中国最好的网页设计师，让我有了工作的目标。"

马云表示："作为领导者，你越谦虚，越尊重别人，你的同事就越能感到你欣赏的目光。克林顿最有魅力的一招，是你讲话时他眼睛盯着你，不管你是谁，他眼睛都 look at you，and listen to you（看着你，倾听你）。"

心理学家赫茨伯格有个双因素理论，将人的生理需求分为两类：生理需求、安全需求。社会需求只是保健因素（或维持因素），尊重需求和自我实现需求才是激励因素。

就公司管理来说，如果不关注保健因素，将会导致员工不满，但只关注保健因素，也无法使员工充满动力，所以只有充分重视激励因素，才能有效激励员工。

阿里巴巴有个员工，之前一年年终考核全优，得 A；但当年其所在的部门换了个领导，尽管他仍自信这一年完成的绩效超过了上年，可结果直系领导给他的年终评分为 B。他很生气，就去找总经理和马云抱怨与投诉。

马云见了他，说了这么一番话："我不知道你的领导对你的年终评价是否公平，但我知道你是一个想要做大事的人，做大事的人要不计较小事，男人的胸怀是由委屈撑大的，学会这一点，你能走得更远更好。"

马云没有驳回员工直系领导的评价，维护了他的权威，同时，又抓住了员工的心理，让他能不计较得失，安心工作。因为员工最关心的，除了加薪，还有未来的成长机会。

1999 年的一个夜晚，经过一番艰难抉择，执意南归的马云约齐了团队所有的人，这些人一直跟随着马云辗转工作于杭州和北京。马云告诉大家准备回杭州发展，大家可以选择留在北京继续发展，他负责推荐好的工作，或者跟随马云回杭州重新艰苦地创业。令马云感动的是，团队所有的人都选择了他。那一刻，马云流泪了，他告诉自己："朋友没有对不起我，我也永远不能做对不起朋友的事情。"他把他的员工永远当朋友看待。因为马云明白，正是这些同甘苦共患难的兄弟们的不离不弃，才成就了他的今天。而当初选择与马云坚守的初创者们，如今大多已成为阿里巴巴的核心骨干。马云总是有一些惊人的言论，比如当大家都在强调顾客是上帝的时候，他却说："我认为，员工第一，客户第二。没有他们，就没有这个网站。也只有他们开心了，我们的客户才会开心。而客户们那些鼓励的言语，鼓励的话，又会让他们发疯一样去工作，这也使得我们的网站不断地发展。"员工第一的理念是他多年创业的心得，因为只有员工才是企业发展、创造财富的直接动力。马云能够站在员工的角度思考问题，也因此能够使员工有认同感和归属感。因为他知道只有设身处地为员工的基本需求和难处着想，员工才会热爱企业并努力工作。企业文化只有以人性为本，员工的积极性与创造力才会被激发出来，从而与领导者形成良性互动，推动企业向前发展。在对员工诉求的理解上，马云总是能超人一步。当员工拖沓，员工要求加工资，出现这样一系列问题时，他认为原因不在员工身上，而是老板身上。老板没有珍惜员工，员工自然不会珍惜产品。他努力说服企业家："我们永远要明白，你的价值和产品不是你创造出来的，是你的员工创造出来的，你要让员工感受到——我不是机器，我是一个活生生的人。如果员工基本的生活保障都得不到满足，他在这儿工作没有得到荣耀，没有成就感，没有很好的收入，要他为你而骄傲，不可能！所以我觉得问题在老板身上，你真心服务好员工，员工就会真心服务好客户。"这就是马云的用人之道。

　　每年将要过年的时候，马云都要发给员工一封信，这已成为马云的习惯。信的开头总是这样写道"各位阿里人"，而信的末尾也总不忘附上一句"替我向阿里家属亲人们问好！"不管这信中内容是什么，你都能从这封信中感受到马云是在用心去说，能够感受到他的那份真诚，每位阿里人好像都是他的家人或朋友。①

---

① 把谁放在第一位？马云：员工第一 [J]. 当代经理人，2010（11）.

第三节　带出正能量团队

现代人工作的目的已经上升到一定高度，他们不会只为工作环境和经济报酬而工作，而更看重自身价值的体现和个人的发展空间。单纯的经济奖赏并不一定能有效地调动员工的工作积极性，因此适当的情感激励比奖金更为有效。

马云建立了一个互联网电子商务平台，使得国家商业界交易缩短到了几万分之一，具有划时代的意义。他的每一句话、每一次演讲都激励着年轻的一代，给人们鼓励和正能量。马云在 2010 年 9 月 10 日给员工的内部邮件中这样写道：

"几天前，有朋友问我今生最相信什么，我说：'我相信！'

"最近我发现很多阿里人非常郁闷和难过，大批网络报道指责淘宝网调整搜索结果，甚至还惹起了某些卖家来淘宝网门口抗议示威……看到那么多同事很委屈，甚至流下了眼泪，也发现不少年轻的淘宝人在不断自问：'我们到底做错了什么，为了鼓励大家在淘宝上创业，坚持七年不向会员强制收取开店费和交易费，坚持扶持发展创业者和中小卖家，七年多的日日夜夜奋斗，结果换回来的是各种各样的指责，我们值得这样吗？我们选择的路对吗？我们是否应该放弃自己促进新商业文明的使命而回到仅仅是一家普普通通的赚钱公司……'

"本来应该早点和大家做一个交流，谈谈我的看法，但最近一系列的问题……呵呵，我觉得阿里人必须有这么一个经历，阿里人需要有时间接受各种各样的挑战，'男人的胸怀是由冤枉撑大的'，我觉得阿里人需要有在纷乱的外部环境中学会用自己的脑袋思考问题和判断问题的能力。选择今天和大家交流是因为快到阿里十一周年庆了，到了我们重温去年这时候提出的：阿里巴巴要促进开放、透明、分享、责任的新商业文明，为全世界 1000 万家中小企业提供一个生存和发展的平台，为全世界解决一个亿的就业机会，为全球十亿人提供一个消费的平台……的时候。

"从提出这么一个伟大的使命和目标起，我就觉得我们从此以后会走上一条艰难的发展之路，我们会碰见各种不同类型的阻力和困难。今天的麻烦还仅仅是个开头，我们会碰上越来越多的挫折……坚持做正确的事，坚持自己的理想和使命是一定要付出巨大代价的，在任何时代都一样。尤其在今天的中国的商业环境里，促进开放、透明、分享、责任的商业文明一定会破坏大批既得利益群体，我们要抗争的不仅仅是这些既得利益群体，还有是上世纪的商业习惯。

"前段时间，淘宝人做出基于捍卫消费者用户的利益，同时支持提供优质服务和诚信卖家的搜索调整决策，我认为是正确的！我深以为傲的是我们的同事能放弃自己今天的利益而去追求创建更加有利于用户可持续健康发展的公平方法！但遗憾的是大家的好意被曲解，支持诚信卖家被说成是放弃中小卖家，保护消费者利益的措施被指责成获取自己的商业利益。因为我们毕竟不是生活在真空的世界里，互联网是一个大世界，淘宝网也是个大社会……我们也同样在电子商务的世界里面对欺诈、假货横行等一切社会现象。今天的社会上出现了很大的消极、浮躁的情绪，很多人怀疑一切，打击一切、否定一切、总把自己对世界的片面认识强加给别人……还有不少媒体过度地使用'惩恶'的手段，而不是'扶正祛邪'，使得人们不相信还有人会做好事，还有人会为理想和原则而工作。

"坚持还是放弃？放弃，从此以后我们就会成为一家平庸的公司，因为利益而活着，我们可能会在一段时间里很轻松、很赚钱……而坚持理想，我们也许会每天碰上今天的状况，我们要和各种势力做斗争，包括巨大的黑色产业链中的恶势力。但坚持也会让我们的生存和工作有意义，坚持也会让我们能在 21 世纪里成为一家真正对人类社会有贡献的公司，让我们今天付出的一切努力有独特的回报……

"我想阿里人应该、必须，也只有选择坚持原则、坚持理想、坚持使命的发展之路！"

激励是一种艺术。一个优秀的管理者，在提供充足的保健因素的同时，更应该重视激励因素的提供。只有具有高情商的管理者，才可能有高情商的企业，才可能有高情商的士气，也才可能有高效率的工作。核心的原则应该是要保护员工的自尊心，要让员工感到在团体中受到尊敬、受到重视、有价值。

马云认为，员工激励除了要激励上进心和荣誉感等，更重要的是激励团队意识。在马云看来，员工是公司最好的财富，而有共同价值观和企业文化的员工则是最大的财富。

关于怎么选择与激励员工，马云说，我永远不选最好的员工，只选最合适的员工，选最好的员工是个灾难。他认为"做不好士兵的人，永远当不了将军"。

马云并不赞成死板地控制员工，他看中的是挖掘员工的潜力，使员工能有独立思考的能力和解决问题的能力。"我不知道怎么去激励我的员工，而只是让大家都认为这个目标是可行的。比方说，我以前讲阿里巴巴会变成什么样，大家会觉得这个不可能。但实际上我们的目标是一年一个样，都是大家说出来的。激励就是让他觉得这是自己应该做的，而不是你所要求他的。"

马云认为，管理不是真正的管而是理，是发掘人的潜力，而不是去控制。在员工激励上，马云就有诸多独到之处。至于如何激励团队，马云表示："首先要有使命感和目标；其次，要不断转变模式，由大化小；第三要和团队分享，任何事情都要公开透明。"

马云是典型的孔雀型性格，在塑造品牌、自我宣传、鼓舞人心方面有天生的优势。马云的自信心指数，是一个优秀的商业领袖所需的最佳水平——充满自信但绝不至于自负。马云是一个真正经历了风雨的人，在最寒冷的冬天，当他用自己的左手握住右手相互温暖时，其信心便由生铁炼成了钢。成功之后，马云还是这样说："如果我马云能够创业成功，那么我相信中国80%的年轻人都能创业成功。"这句话当然是谦虚之言，却表明他已经非常成熟。

这些年来，马云常常被鲜花、掌声和镁光灯所笼罩。不过马云似乎没有就此陶醉不醒："我永远记住自己是谁。是我的团队、我的同事把我变成英雄的。我只不过是把人家的工作成果说说而已。我觉得特难为情的是，很多媒体把我同事所做的努力都加在我头上。我哪有那么能干！我不会写程序，又不懂技术。要说'狂妄'，我从做阿里巴巴开始就一直是这个风格，也不是最近才'狂妄'起来的。"

马云不是那种贪天之功，据为己有的人。他能聚人、容人、留人。马云深知团队的作用，在团队和朋友面前保持着一份难得的清醒："一个人怎么能干，也强不过一帮很能干的人。少林派很成功，不是因为某一个人很厉害，而是因为整个门派很厉害。""一定要有一个优秀的团队。光靠一个人单枪匹马不行，边上都是替你打工的也不行，边上这批人也必须为了梦想和你一样疯狂热情，而且这个梦想还必须做出来。"

如果有人对马云说，阿里巴巴有今天，是马云你做得非常不错，马云会这样回答："我是我们公司的说客，我是光说不练的人。""我自己从来就不承认是什么知识英雄，因为阿里巴巴今天的成就是很多朋友的功劳，不是我一个人的；我只做了 5% 的工作，朋友们做了许多艰辛和默默无闻的工作，他们把我推上前台，我只是他们的代言人，我只是出来练练。""一个优秀的团队和优秀的同事是完成一个企业做成功的最重要的因素之一。"

马云表示要永远怀着感激之心对待同事的工作。"我觉得阿里巴巴不是我马云的，不可能让我儿子继承阿里巴巴的事业，阿里巴巴属于那么多员工、那么多客户，属于世界互联网、世界电子商务。"

马云不仅用正能量的演讲激励着身边的同事和他的粉丝，而且他还用现金奖励唤醒社会上的真善美。48 岁的马云选择在淘宝网 10 周年庆典之日卸下 CEO 重担，同时将自己的后半生定位为公益、环保。当年 7 月，由阿里巴巴公益发起的"天天正能量"项目正式启动，阿里巴巴集团计划每年投入 500 万元至 1000 万元，用于发掘、传播和弘扬社会上的正能量人物和事件，推崇社会正能量。

第四节 说服力增强领导力

哈佛商学院心理学家夏沙那·鲁伯夫说："企业界在本世纪经历了剧烈的变化，情感层面也产生相应的改变。曾经有很长一段时间，受企业管理阶层重用的人必然善于操纵他人。但是到了 20 世纪 80 年代，在国际化与信息科技化的双重压力下，这一严谨的管理结构已经逐渐瓦解。娴熟的人际关系技巧是企业的未来。"领导不等于压制，而是说服别人为一个目标共同努力的艺术。

领导力的精髓，就在于你能否在自己周围营造激动人心的气氛。如果不能说服别人或者令他们信服，你就无法成为领导者。如果你觉得要求别人作出改变让你犯难，最好的办法就是专注于你希望引发的反应，而不仅仅是你想说的话。

一个发自内心的好故事可以改变听众的反应。它的说服力来自它的真诚。请看科林·鲍威尔（Colin Powell）是如何深深打动一群满怀敌意、心存疑虑的听众的。2003 年，时任美国国务卿的鲍威尔在瑞士达沃斯世界经济论坛（World Economic Forum）上发表演说，有人问他联合国为何要依赖硬实力（军事行动）而非软实力（外交对话）。沉吟片刻后，他以一位军人政治家的诚恳，发自肺腑地说了一番话。"我当过35年的兵。"他开口说道，"将欧洲从二战中拯救出来的并不是软实力。在过去100年间，美国将无数青年男女派往别国去作战，其中许多人命丧他乡。但我们从未索要过财富与领土，我们只想要一块能够安葬他们的土地。"

一位朋友当时就在现场。他回忆说："仿佛会议厅内所有锐利的锋芒都收敛回去，所有紧绷的面孔都柔和下来——你能感受到那种变化。"以自己的真实经历和信念为基础，充满感情地去表达观点总是极具说服力的。①

孔雀型的人说服力强。马云不仅能够说服创业时期的"十八罗汉"与他共同熬过寒冬，甚至在寒冬时还能吸引外部的优秀人才加入阿里巴巴。台湾人蔡崇信是一家全球著名的风险投资公司驻亚洲代表，他赴杭州洽谈投资，与马云推心置腹交谈之后，蔡竟然要加入月薪只有500元人民币的阿里巴巴，成为阿里巴巴的CFO。

马云是一个高明的"蛊惑者"，在阿里巴巴的早期，如何说服更多商人上网是一个难题，马云的很多"蛊惑之辞"，就是鼓动商人上网、做电子商务。其中，农民商人可能是其中最难说服的客户，所以，马云早期的很多案例都是讲农民商人，讲阿里巴巴如何鼓动农民商人"上网卖兔子"，有很强的说服力。

马云在2001年第89届广交会阿里巴巴会员见面会上这样说："我们在中国的发展也不错，现在阿里巴巴中文网站的会员有36万，成功的案例越来

---

① Charlotte Beers. 领导者如何增强说服力 [OL]. 商业评论网，[2013-03-07] http://www.obusinessreview.cn/artille detail-207777.html

越多。给大家讲个故事，这是两个月前，浙江省衢州市委书记带着参加浙江省两会的代表来感谢阿里巴巴，在阿里巴巴考察时讲的故事。有一阵我们突然发现我们网站上有三四百个农民上来发布信息，卖大蒜的、鸭子的、兔子的，什么都有，而且信息发布得很简单，'我卖兔子'，成群结队地过来，我们不知道发生了什么事，直到他们的市委书记来过以后才知道原因。

"衢州是浙江比较偏远的地方，当地政府知道要把他们的产品卖到外面去最好的办法是通过网络，所以市信息化领导小组办公室做了一个调查：他们找了全世界 40 个商业网站进行测试，发布同样的信息出去，经过一个半月测试，75% 的反馈是从阿里巴巴来的。于是他们就跟农民讲，用阿里巴巴。有些农民不相信，刚好衢州建高速公路到一个村，村口有两棵大树，要么砍掉，要么搬走，农民就说如果你能用网络把这两棵树弄走，我们就用。办公室的人回去后，真的在阿里巴巴发了一条信息，两个礼拜以后，金华有人把树买走了。树一买走，农民就相信了，这个东西真管用，大家就一拥而上，有一个公司为 400 户农民卖出了价值 1200 万人民币的兔皮。"

如何让员工愿意为梦想奋斗呢？马云首先有效地使用了"抱团效应"。马云在讲话中总是强调团队，而且是用非常具体的数字强调团队，他不会说你加入了一个团队，而是让你意识到现在和将来会有多少人会选择这个团队！

2007 年 2 月，在阿里巴巴集团年会上马云说："我们公司还不大，才 5000 人，我们会到 10 万人，会到 15 万人，现在才是 8 年的公司，我们还有 94 年要走。"

2007 年 12 月，马云在内部讲话时说："中国互联网公司里从事电子商务的人才是 12000 人，阿里巴巴拥有了 8000 人。12000 个电子商务人里我们有 8000 人！"

2008 年 4 月，马云又说："我们今天是 9000 名员工，我认为阿里巴巴 10 年内会变成 15 万名员工！"

人是社会性的动物，总觉得站在人扎堆的地方才不容易犯错。马云巧妙地用企业规模来提醒员工，如果你离开团队也许就离开了一个能创造梦想的地方。

对刚刚入职的员工，马云要求沉下心做 3 年，了解公司文化再提建议，那时他会认真听。对入职满 5 年的员工，他提醒大家还有 97 年的路要走，阿里巴巴要做 102 年的企业，你能否成为一个优秀的"十年陈"员工？

马云别出心裁地提出做一家 102 年的企业，在好奇中你就牢牢记住了马云的梦想和要求：你们在参与历史！在创业时提出一个伟大的目标并不难，但几无用处，除非你能像马云那样，让这个目标也成为员工的梦想。①

---

① 张志. 马氏话术——马云内部讲话全解析 [J]. 中欧商业评论，2013（3）.

第九章

团队情商提升战斗力

第一节　团队情商的管理智慧

美国标准石油公司里，曾有一位小职员叫阿基勃特。他在出差住旅馆时，总在自己签名的下方写上"每桶4美元的标准石油"字样，在书信及收据上也不例外，签了名，就一定写上那几个字。他因此被同事叫做"每桶4美元"。董事长洛克菲勒知道这件事后说："竟有职员如此努力宣扬公司的品牌，我要见见他。"他邀请阿基勃特共进晚餐，后来洛克菲勒卸任，阿基勃特成了第二任董事长。

一件谁都可以做到的事，可是只有阿基勃特一个人去做了，而且坚定不移、乐此不疲，把这个细节做到了极致。情商就是这样一种无形地推动人去坚持和完善的能力。刘邦的知人善用、威尔逊的固执、丘吉尔决不屈服的意志等，这些都是情商的表现，相对智商而言，它属于心理活动的非智力因素，是人们控制自己情绪和理解他人情感、把握自己心理平衡的能力。

在团队管理中，团队情商不等于领导者个人情商的放大，也不是一个团队所有成员情商的叠加，而是对团队整体的情感资源的管理。

现代企业中的大多数工作都是由各种团队去完成的，团队能否和谐，不仅取决于其中每个成员的情商，更取决于团队整体的情商。高情商的团队，成员之间往往具有亲和力和凝聚力，团队显示出高涨的士气；低情商的团队，士气低落，因而所在单位也不会有好的发展。

耶鲁大学心理学家罗伯特·斯登伯格和研究生温蒂·威廉姆斯曾做过一个研究：他们伪称一种销售前景看好的新式代用箱即将上市，请几组人各设计一套广告。结果发现，如果一个团队有一些低情商的人，整个团队的进度就可能停滞。比如：有一组的个别人特别热衷于表现自己，喜欢控制或主宰别人，另有个别人又缺乏热情。研究发现，影响团队表现的重要因素在于成员是否能营造和谐的气氛，让每个人的才华都充分发挥出来。一个低情商的团队中如果存在着严重的情感障碍，比如恐惧、愤怒、恶性竞争、不平等待遇等，各成员的才能就很难得到充分的发挥。他们的能量都消耗在内耗之中了。

在当今分工日益细致的社会中，每一个人的才能和精力都是十分有限的。每一项成功的事件，都必须要汇合众多人的劳动和智慧。因此在一个团队中取得成功，最重要的一点是能否有益地利用群体的智能。

所谓团队情商，并不是指在不良情绪出现时，团队迅速采取措施抑制这种情绪。它的真正含义是有意识地让各种情绪得到表露，理解这些情绪对团队工作的影响，在团队内部和外部构建各种良好的关系，增强团队应对挑战的能力。情商意味着探索、包容，归根结底是相信工作中有一种人性化的因素在起作用。

它不在于团队成员通宵达旦、努力按时完成工作，而在于如果有人这么做了，其他人是否会说声谢谢；它不在于团队成员深入讨论各种观点，而在于如果有人沉默不语，团队是否会询问他的想法；它也不在于一团和气的轻松氛围、团队成员相互欣赏，而在于当人们假装和谐、故作轻松时，团队能够认识这一点，而且团队成员能够做到彼此尊重。

团队情商并不是成员个人情商的简单加总。团队情商比个人情商更复杂，因为团队的互动层面更多。根据丹尼尔·戈尔曼对情商的定义，当一个人知道自己的情绪状况，并能够调控自己的情绪，他就具备了高情商者的特征。这种意识和调控是双向的，既对内（对自己），也对外（对他人）。"个人能力"源于对自身情绪的知晓和调控，"社会能力"则是对他人情绪的知晓和调控。由此推论，团队情商包括三个层面：成员的个人情绪、团队自身的情绪或氛围，以及外部其他团队和个人的情绪。团队应在所有这三个层面建立相应的规范。

一、了解和调控成员的个人情绪

团队应该建立鼓励成员相互理解的规范，在考虑问题时，尽力照顾到成员的个人感受，并采取换位思考的方法。当成员有越轨行为时，不要总往坏处想，而要设法找出原因、仔细倾听。对确有问题的行为，应该当面指正，及时提醒，这时带点幽默感会很有好处。团队决策遇到分歧时，少数服从多数固然十分高效，但高情商的团队的做法是先停下来，听听反对意见。要尊重个性和不同观点，不贬损他人，对成员所做的贡献予以确认，让他们知道自己受到重视。

二、了解和调控团队情绪

团队应该通过自我评估和寻求反馈的方式了解团队的情绪状况，同时为成员处理情绪困扰创造资源，营造积极乐观的环境氛围，鼓励成员主动解决问题。

三、了解和调控团队外部情绪

高情商团队与它们的组织环境极为协调，它们会弄清组织中其他人关心的问题和需求，考虑谁能影响团队实现目标，努力与外部建立良好的关系。[①]

情感是人的意识活动的重要动力之一，而情感又受到人的生理机制和客观环境的制约和影响，尤其是人际关系的影响。一个具有良好人际关系的团体可以激发热爱集体的情感，使人心情愉快、身心健康、上下一心、艰苦创业。感情往往会超越物质。

团队情商能使人自尊、自重、自信，达到自我约束和自我调节的目的。

心理学家马斯洛认为：自尊需要的满足导致一种自信的感情，使人觉得自己在这个世界是有价值、有力量、有位置、有用处和必不可少的。这种自尊心理的形成固然受制于一个人的社会地位、知识结构和心理素质，但就某一团体而言，更受制于团队中的人际关系，尤其是上下级之间的人际关系的影响，充满尊重、信任、民主，自信随之而来，员工因此就会自约自律。

---

① 如何提高团队情商 [J]. 商业评论，2010（1）.

　　高水平的团队情商可以提高每一位成员的情商水平，从而进一步提高团队情商的整体水平。团队是社会互动的群体。一个人的情绪不仅仅受到生理、生活状况的影响，而且受他人的影响，成员之间会相互模仿、相互感染、相互暗示。团队民主、平等、和谐的氛围可以改变成员的情绪，使人自然地生发出与环境一致的情绪（尊重、民主、礼貌等）。

　　成功企业在管理中就十分重视人际关系的和谐，把提高团队情商作为重要的管理策略进行策划和实施。如：索尼的家庭观念、摩托罗拉的以人为本等等，都在努力营造企业的"家庭"氛围，改善企业内部、团队内部的人际关系，协调和消除各种人际冲突，提高人际关系的和谐度。[①]

[①]　马晓晗. 高情商团队 [M]. 北京：北京大学出版社，2008.

第二节　让团队有一致的目标

高情商团队的修炼中，有一项激情法则。何谓激情法则？激情法则——是指利用团队的情感、情绪，通过各种方法将个人对集体的情感激发出来，转化为能量并释放出来形成冲力，进而提高团队情感能量的一种方法。激情法则是建立在认知、沟通、柔情的基础上，使成员认同团队的共同目标，在情感上达成一致，大大提高了行动效率。

阿里巴巴生长在私营中小企业发达的浙江，马云深谙周围中小企业的困境和他们的需要。除此之外，阿里巴巴现实的考虑是亚洲是全球最大的出口供应基地，中小型供应商密集，但众多的出口商由于渠道不畅，被大贸易公司控制，而只要这些小公司上了阿里巴巴的网就可以被带到美洲、欧洲。

马云相信，将互联网的力量与开放公平的全球贸易环境相结合，能够创造草根阶层的经济机会。

阿里巴巴使命感的进一步增强与明确，源于马云与克林顿的一次相遇。马云回忆道："（2002 年）我去美国纽约参加大会，克林顿夫妇讲了一个关于使命的道理，也让我心里一下子豁然开朗。克林顿讲，美国在军事、经济方面在全世界是一流的，美国的总统也是一流的，没有可以模仿的人，美国到底应该怎么走，可以模仿谁？是使命引导美国向前走。中国的很多互联网公司可以模仿雅虎、Aol、亚马逊、eBay，阿里巴巴模仿谁？我们只能跟着使命感走。"

马云曾思考，是什么驱使那些伟大企业继续发展的呢？马云回忆道："2003 年，我们阿里巴巴在 B2B 领域已经发展得很好了。怎么走下去，我很迷茫。当你站在第一的位置上，往往不知道该往哪里走，因为第二、第三可以跟着第一走，但是第一没有参照。那时我凭什么作出一系列决定？就是凭着使命感。

"爱迪生企业的使命是什么？让全世界亮起来，从企业 CEO 到门卫，大家都知道要将自己的灯泡做亮、做好，结果现在'打遍天下无敌手'。我们再看另外一家公司——迪士尼。迪士尼公司的使命是 Make the world happy（让世界快乐起来），所以迪士尼所有东西都是令人开心的，拍的戏也都是喜剧，招的人也全是快乐的人。

"另外一家公司 TOYOTA（丰田），它的服务让全世界都懂得尊重。有一个故事，在芝加哥的一个大雨天，路上一辆 TOYOTA 车子的雨刮器突然坏了，司机傻在那里，不知道怎么办。突然从雨中冲出一个老人，趴到车上去修雨刮器。司机问他是谁，他说他是丰田公司的退休工人，看见他们公司的产品坏在这边，他觉得有义务把它修好！这就是强大的使命感和企业文化。使命感使得每个员工将公司的事当作是自己的事情。只有在这样的使命感的驱动下，才会诞生今天的迪士尼、今天的丰田。"

同样，使命感驱使着已成为世界最大的 B2B 网站的阿里巴巴继续前行。

"使更多的人通过阿里巴巴创业，或者致富，带动更多的人，创造出 100 万个就业机会，"马云说，"这种使命让我感到兴奋。"

使命感的确立使阿里巴巴明确了企业应依据什么样的理由来开展各种经营活动，它成为构成阿里巴巴企业理念识别中最基本的出发点，代表着阿里巴巴的目的、方向、责任，成为阿里巴巴员工行动的原动力。马云说道："我们阿里巴巴的使命是：'让天下没有难做的生意。'我们做任何事情都是围绕这个目标，任何违背这个使命感的事情我们都不要做。所以有人会很奇怪地问我们：'你们凭什么做出这样一个决定啊？'我说：'凭我们的使命感。'我们推出一个产品，首先要考虑的是这个产品是否有利于生意。"

阿里巴巴在作每一个决定之前，都会考虑到怎样去做才会使客户的利益更大化，而非阿里巴巴的利益最大化。马云说："我们提出'让天下没有难做的生意'以后，我们就把这个作为阿里巴巴推出任何服务和产品的唯一标准。我们以前曾经说最少推出一个免费的产品，我们的工程师和产品设计师、销售师马上想到免费搞得复杂一点，将来收费搞得简单一点就可以了。所以我们产品就越做越复杂，后来问我们的使命是什么，我们全体员工就说是'让天下没有难做的生意'，那为什么把产品搞得那么复杂？他们一下就醒了，于是我们就把产品做得非常简单。让客户越来越简单，把麻烦留给我们自己，这就是使命感的驱动。"

从自己的使命感出发，阿里巴巴做了许多没有人做过的事。例如建立支付宝。当初对于中国的电子商务，全世界都在说"不"，电子商务缺乏网上支付体系怎么可以？面临的困难也许是有些企业不去奋斗的借口，也许是有些企业竭力去做的理由。阿里巴巴选择了后者。缺乏支付体系没有让阿里巴巴消除在电子商务领域发展的雄心，而是激起了阿里人的斗志。等待是一种选择，可是如果自己不做，跨国银行会全面抢占中国支付市场。随着国家经济发展，生意的大部分都会在网络上进行，那时，资本的流向却需要走跨国公司的银行和支付体系，这是国家最大的灾难。作为企业家抱怨是没有用的，没有就去创造一个。阿里巴巴不愿放弃自己的使命，而是迎难而上，决心做自己的支付体系，于是便有了支付宝。

使命感只有被全体员工接受和认可才能够产生作用，阿里巴巴非常重视对企业使命的宣传、推广。马云说："我相信在中国的企业里面，明确你的目标以后，你必须让每一个员工，甚至门口的保安、阿姨都明白你的使命感才行。驾马车方向都不一样，怎么弄？""生意人一切以钱为主，怎么赚钱？商人是有所为，而有所不为，企业家是去改变社会，赚钱是他的一个结果，不是他的目的，很多生意人就是想把赚钱作为目的，永远也做不大。我们讲使命感、价值观和共同目标，我们的客户非常认同。我问客户，你们有目标吗？回答说：有，我们要赚 100 万元。你的员工知道这个目标吗？回答说：不知道。那你去问问我们任何一个员工阿里巴巴的目标是什么，每一个人都知道。大家统一目标，力量才会朝一个地方用。"

第三节　锻造共同梦想

领导力大师沃伦·本尼斯讲道，"领导者扮演着剧作家、制片人和导演的多重角色。"马云无疑是这个世界上兼做这几种角色最成功的人之一。据说，如今的马云已经很少干涉集团的具体业务，主要在做文化。

善于画饼和讲故事，是马云带领阿里巴巴这么多年来能够一直飞速发展的首要原因。如同世界上的伟大公司一样，马云也总能将自己的愿景戴上一个宏大而正向的大帽子，引导手下的数万人一起激情地前进。马云的精神控制法让公司员工拧成了一股绳，成为所谓的"蚂蚁雄兵"。

在马云的讲话中，常常出现如下词汇：梦想、伟大、使命、责任、历史、希望、团队、文化、时代、价值观……这些词汇都有一个特点：宏大叙事。这样的词汇可以激发人内心的使命感。"光环语言"的另一个好处是，内涵和外延的容纳度特别高，存在模糊空间，大家可以任意理解成符合自己内心需要的解释。看看马云是怎么说的："我们要建设一家为中国中小企业服务的电子商务公司。""我们要建设世界上最大的电子商务公司，要进入全球网站排名前十位。""我们是平凡的人，在一起做一件不平凡的事。"

马云一直采用的是"我们一起做什么"的句式，而不是"我领导大家一起做什么"，这让人产生一种感觉，我们真的正在参与创造历史，普通人一辈子能有多少机会参与伟大的事业呢？想想就令人激动！

马云明白人可以为梦想奋斗一辈子，但很难为眼前看得见的利益奋斗很久。所以马云充分利用"梦想效应"来推迟满足感。

马云一直有一个伟大的梦想："我们要创造一个中国人自己的、最伟大的公司。2009 年，在阿里巴巴 10 周年庆典的时候，我们要进入世界 500 强，我们要做 102 年的企业。"

正是因为这个理想，阿里巴巴在创业初期就吸引了不少优秀人才。这些人在原来的公司都已经做到了高层，阿里巴巴没有高薪挖他们，在职位上也没有升迁，以他们当时的收入，可以买下几十个刚刚成立的阿里巴巴。他们看重的不是这些，他们看重的是阿里巴巴的梦想。

2003 年，马云在接受《财富人生》节目访谈时说："我永远相信一点，就是不要让别人为你干活，而是为一个共同的理想去干活。我第一天说要做 80 年的企业、成为世界十大网站之一，我们的理想是不把赚钱作为第一目标，而把创造价值作为第一目标。这些东西我的股东和董事还有我的员工都必须认同，大家为这个目标去工作，我也是为这个目标去工作。"

"将员工团结在同一个理想之下，并赋予其使命感。"长江商学院副院长李秀娟对马云的这一做法表示赞赏。马云一直要把互联网带入网商时代，并把它作为全体阿里人的终极使命。"我们希望为全世界 1000 万家小企业，创造一个生存、成长、发展的平台。我们希望为全世界创造 1 亿的就业机会。我们希望为全世界 10 亿人，解决消费的问题。"

企业越大，员工来自不同的背景的可能性就越大。随着时间的推移，一个企业的价值观以及这个企业的目标就变得越来越重要了，特别是对于那些最优秀的人们，这种趋势在未来会进一步发展。总之，如果人们相信他们所做的事情是值得的，如果他们相信能够通过自己在企业中的工作完成一些他们值得花费时间和精力去做的事情——即一些他们独自无法做成的事情，那么他们就会更有动力。从理想的角度来说，一个企业的使命感应该是这样一种东西——人们甚至在加入这个企业之前就已经相信它了，不管这个愿景是去寻找治疗癌症的方法，是制造绝妙的汽车，经营令人激动的名流服装店，还是出版一份精美的日报。

阿里巴巴的员工来自五湖四海，人员层次也不同，有的是外国"海龟"，有的是本土"皮皮虾"，有的是北方大汉，有的是南方小姑娘，但在阿里巴巴，每个人的目标、梦想都是相同的。在企业愿景的激励下，阿里巴巴的人才流失是企业中控制得最好的。

阿里巴巴 10 周年来临之际，马云的动作石破天惊。一方面，以极其富有象征意义的方式向"集团惰性"开刀——阿里巴巴 18 位创始人集体亮相，然后宣布集体辞职。他们创始人的身份将成为阿里巴巴的历史，每个人都需要再次提交简历，应聘上岗。另一方面，马云发布了面向未来的新的理想和目标。马云说，今后 10 年阿里巴巴仍将专注电子商务为中小企业服务，"我们将会创造 1000 万家小企业的电子商务平台；我们要为全世界创造 1 亿的就业机会；我们要为全世界 10 亿人提供消费的平台"。

两者一抑一扬，但都被扣上了很高远的帽子——一个象征着向过去告别，归零，重新开始；另一个，则把公司的追求具象化，将伟大变为可以梦想的现实存在。

在公司内部，马云的讲话虽有变化，但万变不离其宗，非常好地坚守他倡导的核心价值观。马云强调："价值观指导我们走正确的方向，KPI让我们正确地做事。"从马云早期到最近的讲话中，他的确始终在强调这样一个价值观：客户第一，员工第二，股东第三。通过紧紧围绕核心价值观，马云的讲话找到了灵魂，变的是话题，不变的是主题。

唯有明确目标的行动才能让大家的改变走在正确的道路上。马云在谈论目标时非常强调"大目标"，也就是"我们共同的梦想"。2008年，马云说："很多人可能一辈子都很难有机会参与商业模型的转移，但我们9年走过了普通公司25年的历史。"

第四节　把激情传递给团队

　　耶鲁大学经济管理学院教授哈马斯·埃尔认为，公司要把激情传递给团队可利用两种力量：一种是恐惧，表现为担心，如害怕失去事业、爱情和家庭；一种是诱惑，表现为对美好愿景的向往。这是行为发生改变的两种动力。二者相辅相成，配合得当，就容易让团队变得有激情。

　　无论是诱惑，还是恐惧，其实都表现为企业的制度或政策。而这些制度或政策又依赖于管理者的恰当运用和实施。比如说，为了维系员工的激情，管理者需要鼓励员工去创新，而又不能让员工背上惧怕失败的心理包袱；在考核员工时，可采取长期目标和短期目标相结合的办法；建立良性竞争的平台；从情感上重视和尊重员工，给予必要的关怀和肯定；通过持续地激励激发员工的工作热忱，必要时施加一定的压力从而激发其持续的进取心等。

　　此外，管理者个人的激情状态也是一个很重要的因素。众所周知，榜样的力量是巨大的，领导有激情员工才会激情勃发。这种激情不只是表现在语言上，还体现在行动上，很多时候，行为比言语要重要得多。如果管理者工作非常投入，就会潜移默化地影响员工的工作状态；管理者办事雷厉风行，就会改掉员工做事拖沓的习惯。

激情产生高绩效，但激情是需要支付大量精力的，所以激情不能持续长久，需要周期性减退。同时，长时间高涨的激情可能会带来盲目和非理性。所以说，团队需要激情，但是激情也需要冷处理。耶鲁大学经济管理学院教授哈马斯·埃尔这样强调："当管理者以充满激情的语言与行为激活了团队以后，这段激情可以持续一段时间。当进入正规化以后，需要冷处理一下。过一段时间以后，团队又会和先前一样沉闷，需要注入激情。"①

阿里巴巴至今保存着一段录像，录像记录的是 1999 年阿里巴巴刚成立时，在杭州湖畔花园马云家，马云妻子、同事、学生、朋友共 18 个人围着马云，听他慷慨陈词："从现在起，我们要做一件伟大的事情。我们的 B2B 将为互联网服务模式带来一次革命！"

随后，阿里巴巴确立了"让天下没有难做的生意"的使命。出生于中国台湾、在美国接受教育的蔡崇信于 1999 年加入阿里巴巴。蔡崇信拥有很强的法律和财务背景，拥有耶鲁大学经济学及东亚研究学士学位和耶鲁法学院法学博士学位。

1999 年，在瑞典投资公司 InvestAB 的香港公司供职的蔡崇信从香港飞到杭州，代表 InvestAB 公司来大陆寻找风险投资项目。

双方的第一次会面，阿里巴巴条件的简陋与阿里人的激情给他留下了深刻的印象。不久，以考察项目为由，蔡崇信第二次来到杭州，这次，蔡崇信几乎不跟马云谈融资、投资的问题，而是一直在围绕着马云在北京、杭州带

---

① 高情商团队的五项修炼 [J]. 培训，2008（7）.

着团队打天下的故事。蔡崇信对阿里巴巴的一切表现出不同寻常的兴趣。随后，蔡崇信赶回香港辞掉在 InvestAB 的工作和职位，正式加盟阿里巴巴。

蔡崇信解释："这里有一些做事情的人，他们在做一件我觉得有意思的事情，所以我就决定来了，如此而已。"

不仅如此，更多"顶尖高手"纷纷涌向阿里巴巴。他们在加入阿里巴巴之前都是身价不菲，却放弃一切优厚待遇，加盟阿里巴巴。

曾在中国雅虎任职，后加入阿里巴巴的吴炯回忆说："2000 年 5 月第一次回国，我顺道去看马云，发现马云的创业团队都挤在马云自己的房子里，所有参与创业的人都掏钱出来放到公司，每个月就拿基本生活费，而且没日没夜在干，这种使命感比雅虎当年有过之而无不及，所以我决定加入了。"

对于这些人才不计条件的加入，马云说："因为我们都有梦想，他们也有梦想，我们想通过阿里巴巴实现共同的梦想。"

阿里巴巴的待遇在业内算不上很高，但优秀的人才似乎对加入阿里巴巴乐此不疲，吸引他们的正是阿里巴巴的使命感。马云说："真正优秀的人不是为钱而来的，真正有出息的人是创造钱的，没有出息的人是花钱去的。"

正是因为阿里巴巴的企业使命感让众多的人才不计较所得，将自己视为企业的一部分，为企业目标的实现甘于奉献。

阿里巴巴集团的员工对工作的热情几乎可以用"疯狂"二字来形容。一位因为挫折极度消沉的女士来到阿里巴巴，三个月后姿态已焕然一新。尽管她 3000 元左右的薪水在大部分白领看来毫无兴奋点，但她口气铿锵——"请不要再和我提自杀那些愚蠢的话题，我正在给中国的电子商务做贡献。"

魔力还蔓延到与阿里巴巴雇员朝夕相处的亲人。马云习惯不定时地邀请他们到公司"视察"并非秘密，但是大部分人不知道他们走出大门后，会对

"枕边人"感慨——"加油干吧，以后就靠你了。"曾有一位以抱怨"丈夫工作过于拼命"著称的妻子，最后在阿里巴巴员工大会上跌跌撞撞冲上了主席台："我想感谢你们，我很荣幸将丈夫交给了阿里。"

阿里巴巴还经常通过换岗让员工保持创业般的激情。以李研珠为例，从2005年加入淘宝开始，就被内部换岗多次：第一年负责广告站外投放，第二年负责站内的活动促销，年底又被派到B2C"品牌商场"，2008年团队与"淘宝商城"合并后负责整个站内的推广和促销，2009年又被调入口碑网。老淘宝人很喜欢内部换岗，乐此不疲，他们喜欢扎堆去新项目，因为有难度，反而更有激情，认为有更大的提升空间。

第五节　幸福让员工有信仰

　　在现代企业进行情感管理，管理者首先要分析团队中每一个成员的情况。由于他们来自不同地区，拥有不同文化背景和学历，心理素质也有很大的差别。在这样的情况下不可能一蹴而就，建立起一个高情商的团队。因此，要在对团队情感认知的基础上，进行分析、思考，找出问题的根本。

　　强生公司前 CEO 拉尔夫·纳森意识到，强生要取得成功需要更多的情感资源。事实上，他把培养团队情商看作当时公司最重要的任务。他的研究团队开始考察 358 位被认为是最有前途、发展迅速的经理人，这些经理人是从全球范围内精心挑选出来的。强生公司把这一组经理人和另一组绩效不佳的经理人作比较，评估他们的情商资质。结果发现，高绩效的一组经理人展现出了所有的情商资质，而另外一组绩效不佳的经理人却只显露了很少的几项情商资质。无论在全球什么地方，情商资质都同样能被识别出来，这说明这些能力在公司的任何业务区域都能起作用。

　　因此，对团队情感资源和情商问题的分析，有利于提高团队情商的管理水平，对团队绩效的高低有着重大影响。①

团队情商可以提高团队绩效。团队绩效是团队成员之间相互信任和意见沟通的函数。研究表明，影响一个群体效率的因素有三个：成员之间的相互信任、对群体特性和群体效能的意识，如不具备这些条件进行合作，其结果是不会十分有效的。团队工作，具有紧密关联性和成员之间的相互合作、相互依赖性。因此，为了有效地完成团队工作，就必须提高团队情商，如果合作得好，就将取得 1+1 大于 2 的效果；合作得不好，则将导致 1+1 小于 2 的结果，造成三个和尚没水吃的局面。

团队的工作效力取决于三个条件：团队成员之间的信任感、团队认同感，以及团队效能感。这三个条件归根结底，就是团队能否营造一个良好的情绪氛围，这就需要管理人员建立情绪规范，培养团队情商。

阿里巴巴最突出的企业文化就是校园文化和教学相长文化。在这里，员工、上下级之间和同事之间都像同学一样相称，除了中英文名之外，阿里巴巴的每一位员工还有一个"花名"，比如马云的"花名"就是"风清扬"。这样一种文化使得学生从学校进入公司后没有那种巨大的落差。阿里巴巴组织的一些培训让刚刚走出象牙塔的学生有了一个很好的过渡，能够在工作中学习，并且关注员工的心理，关注他们的情绪变化。

一位刚毕业参加工作的员工和女朋友总是有矛盾，情绪不好，工作干不下去，于是他大声呼吁身边的同事谁有经验能分享，让他成熟一些……正是这样的文化氛围让更多毕业生不断涌入阿里巴巴。"员工心理情绪是我们最关心的，他们的专业能力总有一天会具备，但如果没有人关心他们的心灵成

---

① 高情商团队的五项修炼 [J]. 培训，2008（7）.

长，他们有一天可能会走掉，会在工作的高压下迷茫。"2010年，阿里巴巴提出"新商业文明"概念，打造最具幸福感企业。在马云看来，旧的商业文明时代是企业以自己为中心，以利润为中心，而不是以社会为中心。

另外他们还有自己的企业大学——湖畔学院。但对阿里巴巴的员工来说，学习发展从来都是自己的事，公司只是平台与工具的提供者，所以在这里员工自己要想清楚要什么、困难是什么。他们2009年开设的三个培训班就是结合公司当下实际应运而生的——EQ为零班、自我中心班、简单粗暴班。阿里巴巴集团培训总监王民明说，公司的业务近年来不断扩张，也需要大量管理人员补充进来，于是一些能力很强的员工迅速被提升到领导管理岗位，但这些"速成人才"初任领导者却面临着不同的管理难题，比如技术出身的管理者管理风格单一，处理事情简单化，智商很高但情商不够，缺少跨部门合作和沟通能力，EQ为零班正是为这部分人群设计。

马云表示，小企业老板也要多去倾听员工的想法，使员工基本生活保障得到满足，让员工工作得到荣耀和成就感。马云格外指出，对员工的物质激励，只能满足员工的物质需求，不能让他有幸福感。"幸福感是让他们有信仰，让他们相信公司对社会和客户是有贡献的，而自己对公司是有贡献的——这样的员工容易管理"，而这样的企业文化也水到渠成。[①]

走在电子商务行业前端的阿里巴巴，努力让员工享受生活、更好工作。搬到滨江新区的阿里巴巴，新建了七幢办公大楼，餐厅、银行、快递、饮料、书店、健身房、淋浴室等设施非常完善，甚至配备了洗车点。

阿里巴巴成立10周年时，马云对全公司乃至全社会说，阿里巴巴的三

[①] 阿里巴巴：打造幸福企业，唤醒团队力量 [OL]．中国电子商务研究中心，[2010-08-12] http://www.100ec.cn/detail-5334346.html

大愿景之一是成为最具幸福感的企业。"每个人的幸福感及其来源都是非常独特的感受，如何衡量？如何提升？大家都很兴奋，但对于具体的做法还是未知。"阿里巴巴集团幸福指数小组成员陆凯薇这样回想当时的经历。此后，马云亲自前往幸福指数最高的国家不丹等地考察学习，相关人员也用各种方式在各自的渠道摸索。

半年后，阿里巴巴成立了幸福指数小组，专门从事幸福指数的研究和实施。经历了内部员工的讨论、外部相关领域的学习，逐渐形成了一些共识和思考。"一方面，我们觉得不同的行业、不同阶段的企业以及创始人秉持的不同追求，都会对员工的幸福感产生影响。另一方面，我们并不认为企业是幸福感的主体，主体应该是企业每一个成员的幸福感受，这是企业幸福指数的核心。"

阿里巴巴幸福小组团队一共有四位成员：一位是心理学专业背景人员，一位是从事员工沟通、员工关系的阿里巴巴老员工，一位是 HR 综合管理人员，还有一位兼职的管理人员。

幸福小组一方面尝试用 2.0 的方式拓展幸福指数的思路，一方面也参考了目前行业内外一切可以拿来借鉴的资料。如今，幸福指数小组取得了一点点阶段性的成果，基于企业内网，搭建了幸福指数平台。

员工怎样才能获得幸福感受呢？"就像人的需要层次论一样，幸福的体验也是有层次的。"阿里巴巴的员工幸福指数框架在经历了数百位员工访谈，并对访谈结果进行分析后，得出了一个初步的层次。[①]

阿里巴巴对员工幸福感的诠释：

---

① 钱丽娜. 阿里巴巴：做中国"最具幸福感的企业"[OL]. 腾讯教育，[2011-02-18]
http://edu.qq.com/a/20110218/000326.html

1. 幸福感的基础层级是：保障个体和家庭安居乐业。

2. 幸福感的第二层级是：帮助员工找到并实现自我价值。

3. 幸福感的第三层级是：群体的使命感。

2011 年阿里巴巴集团宣布，为了让员工安居乐业，减轻后顾之忧，公司推出 30 亿元的"iHome"置业贷款计划，并投入 5 亿元成立教育基金，解决员工子女的学前和小学教育问题。同时，考虑到 CPI 上涨压力，集团将给基层员工发放超过 4000 万元的一次性物价和子女教育补贴。这次计划宗旨是"把福利给最需要的员工"，所以会对员工的层级有一定的限制。高层级的员工得不到贷款，把钱留给真正的"刚需"。这样的一次性补贴，对于持续上涨的物价来说，可能仍然解决不了所有问题，但阿里巴巴方面还是做出了最大的努力来体恤员工。

阿里巴巴有大量的外地员工（注：指杭州以外），当前各大城市的优质教育资源普遍紧张，为了上幼儿园、小学，很多员工不得不到处去托门路、找关系。

阿里巴巴集团投入 5 亿元人民币创立"阿里巴巴教育基金"，正是为了解决员工的后顾之忧。这笔钱将用来与杭州的一些学校进行合作，为员工的孩子争取学前教育和小学的入学名额；而且利用这些资金投入硬件设施建设，联合相关教育机构共同办学。

阿里巴巴集团已连续五年荣登"大学生最佳雇主"中国区榜首。但马云表示，阿里巴巴的下一步应该把最佳雇主公司努力转变为员工最具幸福感的公司。

"也许我们的员工不是最有钱、不是收入最高的，但是他们在阿里巴巴工作是最有幸福感的。"

第六节　让平凡的人做不平凡的事

现代管理学之父彼得·德鲁克引用了贝弗里爵士的一句话："企业的目的是'使普通人做不寻常的事'。"

德鲁克认为：组织不能依赖于天才。天才是很少的。依赖于天才是靠不住的。对一个组织的考验就是要使平凡人能取得比他们看来所能取得的更大的成就，要使其成员的长处都能发挥出来，并利用每个人的长处来帮助所有其他的人取得成就。组织的任务还在于使其成员的缺点互相抵消，使每个人能充分发挥他的长处。

日本著名企业家稻盛和夫先生有一个人生成就的方程式。他这样说道："人生成就 = 思维方式 × 热情 × 能力。人生或工作的结果是由这三个要素用'乘法'算出的乘积，绝不是'加法'。这就是现实：平凡人若是辛勤努力，并怀着正确的态度和追求成功的热情，的确要比有才华的人甚至是天才获得的成就要大。

"我之所以并不器重才子，是因为才子往往倾向于对今日等闲视之。才子自恃才高可以预测未来，就不由得厌恶像乌龟那样缓慢地度过一天，希望像脱兔似的走捷径。但是，过于急功近利往往容易在意料不到之处栽跟斗。

"迄今为止，众多优秀且聪明的人才进入了京瓷公司，也正是这些人才，以为公司没有前途而辞职，所以留下来的都是不太聪明的、平凡的、无跳槽才能的愚钝的人才。但是，这些愚钝的人才在十年、二十年后都晋升为各部门的干部或领导。是什么让他们这样平凡的人变成了非凡的人才呢？是孜孜不倦、默默努力的力量，亦即脚踏实地地度过每一天的力量，是坚持使平凡变非凡。"①

阿里巴巴有一句名言："让平凡的人做不平凡的事，充分调动他们的积极性跟潜能。"马云不断说，我考三次大学没有考上，一定很平凡，如果你们觉得今天是成功的，那每个平凡的人都能成功。因此，在企业文化的营造过程中，所有人处于一个非常平等的地位。

马云在一次演讲中这样说："我选择的核心团队，其实就像我选择员工，员工选择我一样。我选择什么样的员工？我选择平凡的人。什么是平凡的人？就是没把自己当精英的人。我不喜欢那些精英，精英眼睛都长在这。（指向头顶）。我不喜欢那些把自己看得很聪明的人，我觉得有的人说我智商特高，一般说自己智商高的人情商都低。这个世界没有一个人可以真正做成事，因为边上很多人在帮你。

"所以我要找的员工是平凡的人。什么是平凡的人？有平凡的梦想。我要找的员工首先他要有梦想，什么是梦想？不是要为社会主义奋斗终生改变全人类。个人的梦想那就是我买房、买车，我要娶老婆、我要生孩子，这是人最基

---

① 稻盛和夫：人真正的能力是什么 [OL]．壹心理，[2012-01-27]
　　http://www.xinli 001.com/info/1095/

本的梦想，因为这些梦想真实，为自己所干，我觉得这样的员工我喜欢。在自己完成的情况下说，我也可以为别人干点事，这样的员工特别实在。

　　"所以我 18 个人的团队，基本上我没有发现一个，包括我在内，说我们特别出息特别能干，我们都是平凡的人。平凡的人在一起做一件不平凡的事。什么是伟大的事？伟大的事就是无数次平凡、重复、单调、枯燥地做同一件事情，就会做成伟大的事情，所以我们 18 个人就这样。"①

如果自认为是英雄，请你离开

　　一个团队最需要的是团队协作，而不是个人的英勇不凡。鸿海集团总裁郭台铭说过："我们要的是能团队合作的人才，不要天才，因为天才型的研发人员到哪家公司都会令人头痛，天才就让他留在天上。"

　　在阿里巴巴集团这么多年的运营过程中，前期也搞过精英团队，后来发现，全明星团队很难管。全明星团队每个人本领都不凡，时常认为自己很有道理，也勇于坚持自己的意见，反而使团队的力量不能用到一处，每个人的力量都得不到最大的发挥。马云表示："不希望用精英团队。如果只是精英们在一起肯定做不好事情。如果你认为你是英雄，你是不平凡，请你离开我们。我们并不需要人精到我们这儿，要么人，要么精，人精是妖怪，我们不要。"

　　阿里巴巴团队不欢迎令人头疼的"天才"。在阿里巴巴的团队中，最多的还是平凡的普通人才，不需要多高的智商，只需要有责任感，有团队精

---

① 马云：不喜欢精英，选员工要平凡 [OL]．凤凰网，[2010-12]
　　http://tech.ifeng.com/internet/detail-2010-12/10/3447791-0.shtml

神，就是阿里巴巴欢迎的同伴。

马云曾表示，只用二、三流学校的一流人才。马云称自己也只是一个"满大街一抓一大把的普通人"！他回忆自己的创业经历时说："我们阿里巴巴要的是普通人才，以前从来没有人说我是精英，现在人家都说我是精英，现在我也（觉得）玄乎起来了。我经常觉得第一流的北大、清华（学生）不会到我们公司来，人家都到美国去了；第二流的（北大、清华学生）都到Google、IBM去了；第三流的北大、清华学生我也不要。所以我觉得二、三流学校的第一流学生我最喜欢，我觉得杭州师范学院的学生最好，我就是那儿毕业的，所以我喜欢普通的人。我们公司的员工都是平凡人，很多平凡的人在一起做不平凡的事。"

让普通员工快速成长

阿里巴巴创办时，创始团队中除了几个做过中国黄页的元老之外，其他多数人都是刚毕业不久的年轻人。没有人是天生奇才，但每个人的成长速度令人震惊，他们当中不但涌现出四个副总裁，而且涌现出一批出色的总监和经理。

当马云宣布，创业团队只能做连长、排长的时候，前淘宝网总经理孙彤宇并没有因此郁闷，而是暗下决心："我现在是连长、排长，但我相信自己能够成为师长、军长，这是我的信念，要去超越。"

孙彤宇说："在华星时代，（我们的）能力和现在比相差很大，那是一个需要成长和充电的时候，大家都很用心。"孙彤宇承认那时的能力只够当连长、排长。

孙彤宇升任"师长、军长"的转机来自 2003 年。那一年初，马云看到 eBay 已经下定决心要进入中国，同时 eBay 在全球市场也将渗透进阿里巴巴所在的 B2B 领域。马云决定抢先一步进攻对方。

这时候，马云找上孙彤宇，表示公司要投资 C2C 的网站，问他有什么看法。孙彤宇说此前自己从来没有想过，也没有研究过 C2C 市场的问题，听马云这么一问，立刻回去研究。

这一研究不要紧，孙彤宇心里开始"长草"，觉得这个项目也很有意思，他说自己一向就对面向消费者的行业有兴趣。

2003 年，孙彤宇出任淘宝网总经理。当年的小连长成长为今天独当一面的将军。

后来淘宝网与 eBay 的成功对抗，再一次证明了马云对电子商务的敏感，同时也证明了其看人眼光的准确。

阿里巴巴前 COO 李琪是中国黄页时期的骨干，也是阿里巴巴的骨干。他是马云本土团队中成长起来的大将。阿里巴巴曾有四个"O"，其中两个"海龟"：蔡崇信（CFO）和吴炯（CTO）；两个"土鳖"：马云（CEO）和李琪（COO）。平心而论，李琪的这个"O"得之不易。

李琪于 2000 年加入阿里巴巴公司，先后担任技术副总裁和销售副总裁。2003 年至 2004 年，李琪担任高级副总裁兼阿里巴巴公司国际事业部总经理。2005 年 1 月 1 日，李琪担任阿里巴巴公司首席运营官一职。

在众多海外高管折戟沉沙的阿里巴巴，李琪这个没有海外学历、没有跨国公司背景的本土将领却能跻身公司最高决策层，凭的是自己的实力和业绩，他这个"O"是拼出来、干出来的。阿里巴巴 B2B 业务成功上市后，李琪已被马云派往海外学习。

如今，原来的 18 位创业元老大多已经成为阿里巴巴集团的核心骨干。

这支当年看似不起眼的团队经过快速成长，成了开创阿里巴巴大业的功臣。阿里巴巴的这支团队一起走过了创业初期的艰难岁月，一起走过了危机四伏的严冬，一起走过了突如其来的"非典"，一起走过了一天 100 万元收入、一天 100 万元利润、一天 100 万元纳税的辉煌时期。

在阿里巴巴企业内部，听到最多的是这句话——"我们是平凡的人，在一起做一件不平凡的事情"。

第十章

情商交流：
黏性十足的"黏合剂"

第一节　善于利用事件进行沟通

生活中完成每件事都离不开协商、沟通、影响和说服别人做事的能力。在所有领域，最有效率的人是那些为了实现目标能与人协作的人。沟通需要机会，优秀的领导者善于利用事件进行沟通，表明态度，以达到事半功倍的效果。

公元前605年，楚庄王平定了令尹斗越椒发动的叛乱之后，有一天召集臣下一起饮酒，直到日落西山，还未尽兴。庄王又命掌灯继续饮酒，并命爱妾许姬为大家敬酒。突然，堂上的灯火被风吹灭了。这时，席上一人趁黑暗之机抚摸了美丽的许姬。许姬反抗并且摘下了那人的帽缨，然后向庄王禀告，要求赶快点灯查明此人。没想到庄王命令："切莫点烛！寡人今日要与诸卿开怀畅饮，大家统统绝缨摘帽，喝个痛快！"当文武百官莫名其妙地摘帽绝缨后，庄王才命人点烛掌灯。就这样，那个调戏许姬的人没有暴露。

后来，楚庄王攻打晋国的时候，有一员叫唐狡的猛将凌厉无比，在这次战争中屡立战功。战后，楚庄王对唐狡说："寡人真惭愧，过去竟没发现你这样的将才。"唐狡说："是小人罪该万死，上次晚上饮酒的时候，是我对不起许夫人呀。"

这个例子体现了楚庄王是一个高情商的管理者，他非常善于驾驭团队成员的情感。在平定叛乱的过程中，将士们拼死拼活，在庆功宴上就应该让他们尽情地释放情感。如果当时就把那个调戏许姬的人抓出来，不仅庄王的面子不好看，庆功宴的气氛也将被彻底地破坏。"小不忍则乱大谋"，后来的事实证明，庄王的这一招收到了很好的效果。[①]

马云在一次演讲中讲了这样一个故事："我在北京买了一个大雕塑，3.6米高，王中军给我介绍的。光屁股大汉，全身裸体，我觉得特有意思，我就买回来放在大楼里，公司一片争论声，这个东西太黄色了。为什么马云把它搬回来，一定有目的的。各种各样的猜测、各种各样的说法、各种各样的人都很多。参观的人很多，想知道为什么阿里巴巴大楼里搞一个光屁股男人放在那儿，甚至我们的员工要做条短裤给他穿上，太难看了。一定有一个统一的标准说法，这个标准说法是什么，他们问我，我说没有标准说法，我就觉得这个挺美。我问你，你喜欢吗，这个人说喜欢，我说很好。这个人说不喜欢，我说也很好。

"我们就需要这种思想，让每个人发表不同的观点，但是最终作出决定，还得往前走。所以我看到的 80 后、90 后，他们为全人类承担责任，为这代人争光，不是为某一个群体。给他们一些信任、给他们一些支持。鲁迅说'关心我们自己的孩子，就是关心我们的未来'。我们的盛宴才会起来，否则今后都是悲剧。"

---

① 高情商团队的五项修炼 [J]. 培训，2008（7）.

2011 年春节刚过不久,阿里巴巴发生人事地震。阿里巴巴 B2B 公司
CEO 卫哲辞职,淘宝网 CEO 陆兆禧接替卫哲,兼任 B2B 公司 CEO 职务。
引发地震的原因是,从 2009 年开始,贯穿 2010 年全年,阿里巴巴国际交易
市场上有关欺诈的投诉时有发生,2010 年阿里巴巴有约 1107 名中国供应商
因涉嫌欺诈被终止服务。有迹象表明 B2B 公司直销团队的一些员工,为了
追求高业绩高收入,故意或者疏忽而导致一些涉嫌欺诈的公司加入阿里巴巴
平台。

消息一出,阿里巴巴港股的价格也应声大跌 8.63%。人们普遍质疑的
是,马云有没有必要为了这 1107 名涉嫌欺诈的供应商开掉自己的得力干将,
要知道,这 1107 名供应商仅占全部供应商数量的 0.8%,且由此所引起的索
赔额还不到 2010 年净利润的 1%。马云给出的理由很明确:"对于这样触犯
商业诚信原则和公司价值观底线的行为,任何的容忍姑息都是对更多诚信客
户、更多诚信阿里人的犯罪!"这是马云写给全体阿里人的内部邮件。

马云通过这一出人意料的举动,成功地营销了阿里巴巴的诚信价值观,
而这一价值观对阿里巴巴的核心业务有着至关重要的影响。众所周知,阿里
巴巴做的是企业网上贸易平台的生意,一家中国的小企业可以将产品陈列在
阿里巴巴的网上,世界各地的采购商可以通过这个网站平台下订单采购。如
同我们平时网上购物的体验一般,交易双方从交易洽谈到交易达成再到货物
交付都不需要见面。除了货物和货款外,一切都是虚拟的。在这样的商业模
式下,诚信就比我们去市场上买卖白菜变得重要得多。没有人会愿意去一个
鱼龙混杂、假货横行的市场去摆摊,因为会掉价;也没有人会愿意到这样的
市场去买东西,因为容易受骗。因此,阿里巴巴的这一记重拳,捍卫了自己
的声誉,看似小题大做,事实上是要给"交钱设摊"的供应商会员——阿里

巴巴的重要的客户群——打入一剂强心针，以稳住阿里巴巴的重要利润来源。否则，长久下去，股价下跌就远不止 8.63% 了。

阿里巴巴的此次诚信危机，是一个很值得研究的案例。它说明，营销价值观比推销一个产品或卖出一个会员资格要重要得多，也要困难得多。著名的营销大师菲利普·科特勒教授将营销价值观称为第三代的市场营销策略（Marketing3.0）。他是这样归类的：第一代营销策略以产品为中心，王婆卖瓜自卖自夸，有什么东西就卖什么；第二代营销策略以客户需求为中心，强调产品设计要满足客户的个性化需求，要将目标客户不断细分，简单地说，企业不是要把自己的东西推给别人，而是要如何帮助别人达成愿望；第三代营销策略以价值观为中心，不仅要抓住客户的需求，还要打动客户的心，让客户喜欢上企业，认可企业的价值观，然后会长期使用这家企业的产品。根据这样的理论，一个企业的推销员也可以分为几类，有的是卖产品的，有的是卖价值观的。毫无疑问，马云是一个出色的价值观推销员。①

2013 年"双十一"，在零点拉开序幕：

0 时 55 秒，支付宝成交额突破 1 亿；

0 时 06 分，支付宝成交额突破 10 亿；

0 时 38 分，支付宝成交额突破 50 亿；

5 时 49 分，支付宝成交额突破 100 亿；

13 时 04 分，支付宝成交额突破 191 亿（2012 年销售记录）；

21 时 19 分，支付宝成交额突破 300 亿；

24 时 00 分，支付宝成交额突破 350.19 亿！

① 李松伟. 阿里巴巴 CEO 卫哲引咎辞职，淘宝 CEO 陆兆禧接替 [OL]. 腾讯科技,[2011-02-21]
http://tech.qq.com/a/20110221/000347.htm

而在之前的一天晚上，马云说了这样一句话："我觉得数字不是我们今天所关心的，应该关心的是数字背后的东西，通过数字去真正地理解市场的力量。"马云在即将开始的、吸引众人目光的"双十一"前一天晚上接受央视财经频道主持人王小丫的专访，对互联网模式进行了一次宣讲。对于2013年"双十一"或超过300亿的历史纪录，马云发表了自己的看法以及对电子商务未来的展望。

有人说马云夸下海口，2012年"双十一"销售191亿，2013年要超过300亿是一个巨大的挑战。马云则对此表示，300亿应该不是问题，再过几年可以看到"双十一"有1000亿的日子。这不仅仅是淘宝、天猫参与，还希望所有电商公司、所有线下商场参与。

他指出，阿里巴巴从去年（2012年）开始制定策略，要把"双十一"变成整个中国消费者和厂家的感恩节，把它变成一个消费者日。消费者和厂家之间不应该是对立矛盾的，阿里在"双十一"之前做了这么一个大胆的想法：应该把它变成厂家感恩消费者一年的支持，拿出最好的商品，拿出最便宜的价格去感恩消费者。

对于"双十一"的销售，马云称最担心的不是把需求迅速打开，而是要把需求稳健地释放出来，稳定做到300亿，因为后期还有物流、金融、售后服务等。所以，不是追求多大的量就是好，控制节奏很重要，希望今年能够稳定在300亿。

谈到物流问题，马云指出，中国物流这两年有一个惊人的发展，2013年整个包裹数已经跟美国差不多了，快递员工人数从之前的十几万人到现在的200万人。2012年"双十一"最感动的是所有快递人员把一家老小都拉来帮忙，这是了不起的企业家创业精神。无论是服务还是其他方面都有非常大的进展，而消费者的需求是永远很难满足的，坚信再有两三年，中国的快递行业发展一定会成为全世界最先进的，因为背后的精神是很了不起的东西。

此外，马云还预测，10年以后，整个中国从事物流快递的人员将会有1000万人，也就是中国至少在物流方面还会增加800万就业人员。

第二节　做好团队协调工作

协调是重要的沟通方式，也是一种高层次的沟通。当团队出现不和谐因素或者冲突时，就需要管理者出面做协调工作。

管理者对团队的协调工作主要表现在两个方面：一是团队管理者与团队成员之间的协调；二是团队管理者对团队成员间出现的问题进行协调。

第一个方面又可分为两种情形：其一，当团队成员情绪低落、意志薄弱、心态悲观时，管理者要及时与该成员沟通，让他尽快走出这种不健康的情感；其二，团队成员间没出什么问题，但管理者自己心中有一套更高的情感、绩效标准，为了使团队产出最大化，管理者此时会主动地、略带技巧地激发员工的状态。

第二个方面是当团队成员间出现不和谐因素时，需要管理者出面协调。在这种情况下，管理者首先应了解真实情况；其次，在协调过程中要注意公平性、正义性和建设性，切不可偏袒任何一方；同时，管理者可以积极地利用冲突，在处理的过程中积极地鼓励当事人进行和解。

由于团队中的冲突更多的是以隐性方式存在，对此，管理者一方面要能够洞察其中的微妙，另一方面要运用一定的手腕和技巧妥善处理这些潜在冲突，切忌使隐性的问题转变为显性的冲突。[①]

很难想象，阿里巴巴和淘宝网的创造者马云不懂电脑，对软件、硬件一窍不通。但马云认为，一个成长型企业成功的第二个原则是：打造一个明星团队，而不只是拥有明星领导人。马云坦言，自己最欣赏的就是唐僧师徒团队。

"唐僧是一个好领导，他知道孙悟空要管紧，所以要会念紧箍咒；猪八戒小毛病多，但不会犯大错，偶尔批评批评就可以；沙僧则需要经常鼓励一番。这样，一个明星团队就成形了。"在马云看来，一个企业里不可能全是孙悟空，也不能都是猪八戒，更不能都是沙僧。"要是公司里的员工都像我这么能说，而且光说不干活，会非常可怕。我不懂电脑，销售也不在行，但是公司里有人懂就行了。"

马云认为，很多时候，中国的企业往往是几年下来，领导人成长最快，能力最强，其实这样并不对，他们应该学习唐僧，用人用长处，管人管到位即可。毕竟，企业仅凭一人之力，永远做不大，团队才是成长型企业必须突破的瓶颈。

---

① 高情商团队的五项修炼 [J]. 培训，2008（7）.

第三节　沟通创建和谐工作环境

　　说来也奇怪，几乎每个企业都认为员工是公司最珍贵的财产，可是只有很少的企业真正把员工当作珍贵的财产。领导者应该在具体工作中根据员工的不同类型专长和生活需要，实行不同的管理方式，注重一个"活"字。管理的关键就是达成与员工的相互理解、尊重与信赖。而当人们的行动有着明确的目标，并且把自己的行动与目标不断地加以对照，清楚地知道自己进行的速度和不断缩小达到目标的距离时，人的行为动机就会得到维持和加强，他们会自觉地克服一切困难，努力达到目标。管理的根本就是协调，就是把所有人的努力拧成一股绳指导他们去实现一项共同目标的活动。企业管理者的职责也就是统一全体成员的意见和行动，并为他们确立目标，提供行动的方向。而所谓"领导"，就是要为成员们"指导方向"、"领而导之"。只有这样做，才能称得起"领导"，也是留住人才的手段之一。

　　有这样一句话："现代管理就是意见沟通的世界，意见沟通一旦终止，这个组织也就无形宣告寿终。"形象一点的说法就是，缺少了沟通的企业，如同一潭死水，激不起创新的浪花，也掀不起创造的风暴，其命运不言而喻了。一个组织中意见的沟通，对于促进团结、正确决策、协调行动、保证集体活力是非常重要的。领导和成员之间在某一个问题上，他们必须取得一致的意见。而在这之前，必须先彼此交流意见，也就是要沟通思想。如果不进行沟通，那么势必会造成各自为政的局面。好比几个人拉车，如果他们各自拉往不同的方向，那么他们即使拼出九牛二虎之力，也无法使车行动一步。作为合格的管理者，他会知道如何去进行沟通。现代管理者的主要素质之一就是具有善于交流沟通的能力。应该看到管理的任务远不限于发号施令，要在大家都了解企业情况的基础上建立相互友好的气氛。在这种气氛中，既可做到上情下达，也可以做到下情上达。每一位管理者必须能把目标传达给下属。缺乏与下属交往的领导，会变得毫无效力。沟通的另一方面，是管理者应对下属的行为做出及时的反应。无论是奖励还是惩罚，都不能等到时过境迁之后才实行。应使下属感到你是时刻关注他的，从而提高生产积极性，更加忠诚地为实现企业的目标而努力工作，这也是促进企业目的实现的艺术手段之一。

领导不等于压制，而是说服别人为一个目标共同努力的艺术。高团队情商的企业可化不满为建设性的批评，创造一个和谐的工作环境，形成高效率的合作网。[①]

马云在阿里巴巴内部网站发了一封邮件，虽然这封名为《我想和还没有成三年阿里人的同事们谈谈看法》的邮件主要针对的是入职阿里巴巴不满 3 年的员工，但实际上马云也是在和全社会的年轻人做一个交流。

---

① 通过情商管理来提高绩效 [N]. 解放日报，2007-01-27.

在信的开头，马云表达了自身的感恩之情："今天我们是最幸福的人，最幸运的人，因为我们有了人类最优秀的完善社会的工具——互联网。有了它，我们可以通过自己的点滴努力去完善帮助这个社会，去力所能及地解决社会的问题。"

针对他看到的，"今天很多同事来了没有几天就开始指责和批判一切"，以及社会上弥漫的近乎于批判一切的声音，马云旗帜鲜明地表态称，"讨厌那些对昨天不感恩，对明天不敬畏的同事"，但他也对"今天年轻人的浮躁和做事说话的态度"深表理解，因为"我们都这么年轻过"。

同时马云进一步提出，"中国一直不缺批判思想，今天的社会能说会道的人很多，能忽悠大家的很多，但真正完善建设的人太少"，他坚信"建设性的破坏要比破坏性的建设"更有意义。归诸一家公司的运营，马云说，"公司其实缺的是把战略做出来的人，把 idea 变现的人，把批判变建设性完善行动的人！"

他鼓励员工多看清自己，平静下来问自己三个问题：1. 我有什么，我凭什么。2. 我要什么。3. 我必须放弃什么。他表示更欣赏"修正自己，调整自己，用自己的努力和智慧去完善边上的不尽如人意"的同事。

考虑到阿里巴巴 2.5 万名员工中，年龄在 26 岁至 27 岁的占绝大部分，而这也是社会上很大部分的主流人群。因此此信被公开后，外界纷纷认为，虽然这一封信的目的是指导新员工以正确的态度对待工作，对待公司，对待自己，但马云的经验之谈不但对阿里巴巴的内部年轻员工，而且对所有踏足社会不久的职场新人，对阿里巴巴、淘宝上发展的创业者，对成长发展的中小企业，都有参考价值。

马云给年轻人提出一些建议，在三年时间里"认真按'看，信，思考，行动和分享'五个步骤"发展自己：

1．看。来公司先看，少发言。观察一切你感兴趣的人和事。从看和观察中学习了解阿里。当然最好带欣赏和好奇的态度去看。

2．信。问自己信不信这家公司的人、使命、价值观。信不信他的未来。假如不信，选择离开，离开不适合自己的公司是对自己和别人最负责的态度。信不信公司是否真的做的和说的一样，是否真的在努力实施公司承诺的。当然也要判断个别和群体。

3．思考。假如信了，留下了就仔细想想自己可以为实现公司的理想和使命做些啥。思考自己留在这个公司里，团队和工作有我和没有我，有啥区别；我到底该如何做一个优秀的员工。我们欣赏想当将军的士兵，但我坚信一个当不好士兵的人很难成为优秀的将军。

4．行动。这是最难的。懂道理的人很多，但能坚持按道理办事的人太少。行动是真正说明思想的。行动也是要有结果的。我们是为努力鼓掌，但为结果付费的公司。

5．分享。经过看、信、思考和行动后，你的观点才真正珍贵，必须和新来的和以前的同事分享……我们期待的是分享性批判。

日本"经营之圣"稻盛和夫这样理解沟通："日本式的管理曾一度受到全球的瞩目。对西方来说，他们很难了解日本的员工为何如此为公司卖命。因此很多观察家都下了一个结论：日本一定有某种神奇的管理体系。

"部下对领导者的弱点相当敏感，很容易察觉出来。领导者若是不公正或怯懦，就无法让大家产生信心。在你试着与员工沟通你的管理哲学时，你必须先填平阻碍彼此间了解的代沟。这些代沟可能来自年龄、生活方式和经验的差异等方面。

"或许你希望自己和员工是同一个年龄层的人，这样你跟他们就有较多的共同点。你们的生活方式也许大同小异，但是身为经理人的你可以用相同的背景来指导员工，使他们更加理解你的想法。但在现实生活中，员工通常更像你的孩子——也就是与你隔了一代的人。因此，你越倚赖你那一代的传统和价值观，就会发现你的哲学越不容易被这些'新新人类'所接受。

"如果想让年轻人了解你，你的理念必须是放诸四海皆准的原则，并可以回答：'对于一个人来说，什么是对的且应做的事？'如此一来，即使员工与你隔了好几代，也会赞同的。

"年纪大一点的人常会感叹年轻人好逸恶劳。但是，不管是谁都有实现梦想的渴望。今天的年轻人如果找到了自己的梦想，即使是艰巨的挑战也不会吓倒他们。若是以这点为诉求，他们也会认同你的哲学。

"难得来这世上走一回，你的人生真的有价值吗？无论如何，我要把自己对于'工作'的正确认识告诉这些年轻人：理解工作的意义，全身心投入工作，你就能拥有幸福的人生。希望他们务必懂得：劳动是医治百病的良药，工作能够克服人生的磨难，让你的命运获得良机。"①

---

① 稻盛和夫：人真正的能力是什么 [OL]. 壹心理，[2012-01-27]
http://www.xinli 001.com/infl/1095/

第四节 高情商者更坦诚

高情商的人善于沟通，善于交流，并且以坦诚的心态来对待，真诚又有礼貌。根据永道会计师事务所对《财富》500强公司的调查，只有首席执行官认为"坦率直言的员工会有危险"中层主管中有三分之一认为坦率直言很可能带来危险，基层员工则有半数以上认为有危险。

主管和员工之间存在如此巨大的差异，这说明，上层决策者误以为自己掌握所有信息，而实际上，掌握了这些信息的人更不敢指出问题所在（尤其是掌握了不利信息的人）。主持上述调查的威廉·詹宁斯说："员工往往认为内部管理措施有碍生产经营，所以不得不错误地'编造一些数字'出来应付。"

据说百事公司前总裁韦恩·卡洛韦面试新人时都会告诉他们："在百事公司有两个原因（导致你）可能被开除：一是没什么业绩，二是说谎。但是最容易被开除的原因是为了业绩而说谎。"

卡洛韦以前的一个同事表示："他绝不原谅下属隐瞒消息不上报，尤其是生意上的坏消息。如果有人及时通报消息，他会很感激那个人。因此，百事公司的员工都很坦白真诚。"

当然不是每家公司都如此，一家高科技公司的主管表示："在这里，说真话无异于自毁前程。"

要让员工觉得自己真诚，最好的方式就是讲真话。这一点马云也做得很出色。对新员工，马云反复讲："对每一个来阿里巴巴的员工，我都会告诫他们，这里没办法保证你升官发财，但可以保证你一定会非常辛苦。"

马云不用开空头支票的方式买员工的忠诚度，相反则是实话实说，以此赢得员工的信任。

2006 年，马云在内部讲话中说："最近我们看了很多文章，90% 都是骂我们的，还有 10% 是我们自己写的。跟我判断的一样，大家不要吃惊。确实有对手请了四五家公关公司天天写我们不好的文章。说我们今天要破产了，明天要走到边缘了，后天又要怎么样了。有些文章我都很想拿来和大家分享一下，提高一下抗打击能力。"

马云没有回避问题，而是主动让员工知道自己已经了解到的问题，用四两拨千斤的方法让员工看淡这些攻击，稳定军心，用业绩回击对手。可以想象，如果马云因为担心提到这些会动摇军心，捂住不讲，结果反而让大家无故产生多余的担心，没有问题也会被传出问题。

马云 2003 年接受《财富人生》节目访谈时说道："我希望在公司管理的过程中，很坦诚地把自己的思想说出去。"

对于阿里巴巴辞退卫哲这件事，对于人们疑惑是"离职事件背后真的那么复杂？阿里巴巴真的是因为价值观问题裁人吗"这个问题，马云回答简单干脆："心是痛的，但为了坚守公司的价值观，必须有人站出来为这个事情负责，事情就这么简单。卫哲的离开就是我的责任，我比谁都痛，我比谁都忙了很多，责任是要付出代价的。因为我们整个社会的感觉是充满着价值观丧失，商业道德沦丧……如果阿里巴巴都不坚持价值观，不这么去喊价值观，社会就会偏得更远。""公司越大越要靠文化来治理，制度也是为了强调文化。在这件事情上，我是最痛的，比谁都痛。"

马云的坦诚表白其实是这个问题的最好答案，也让其他各种猜测不攻自破。他说他送给卫哲的最大礼物就是一个"伤疤"。

同样的价值观的问题也曾出现在阿里巴巴创业早期。阿里巴巴2002年的时候不挣钱，那一年有两个业务员的销售收入占全公司的70%，但是违反了公司的规定——"不要给对方回扣"。不是自己拿回扣，而是给对方回扣，杀不杀？这就是利益和价值观的冲突。小公司的生存还是个问题，现在两个人挣了全公司一半以上的收入，违反了一个大家都在违反的东西：给客户回扣。当时大家都在这样做，但阿里巴巴觉得这样做不对。杀不杀？毫不客气地杀了。

2011年，马云在斯坦福大学演讲时坦诚地说起了自己此行的目的和阿里巴巴对雅虎的态度："大约几个月前，斯坦福邀请我来演讲。我没有意料到。很多人说因为所有关于雅虎、阿里巴巴和许多其他的新闻，这个时间点来这里演讲是非常敏感的。但是既然我做了一个承诺，我还是来了。今天如果你有任何问题要问我，我都会一一回答。

"今天是我来美国的第15天，而且我打算在这里待上一年。这个计划没有人知道，甚至我的公司也不知道。大家问我为什么要来这里，要打算做收购雅虎的准备吗？不，大家都太敏感了。我来这里是因为我累了。过去16年来太累了。我在1994年开创我的事业，发现了互联网，并为之疯狂，然后放弃了我的教师工作。那时候我觉得自己就像是蒙了眼睛骑在盲虎背上似的，一路摔摔打打，但依然奋斗着、生存着。我在政府机关工作了 16 个月之后，1999 年建立了阿里巴巴。"

马云也毫不讳言自己曾经犯下错误。他努力给人以坦诚的印象，他是这方面的大师。比如，他承认到目前为止阿里巴巴对雅虎中国的整合仍然不算成功："收购雅虎中国，我们得到的最宝贵的东西，不是搜索技术，而是并购经验。这样的经验可以保证我们以后再碰到公司并购时，少犯错误。"

他开玩笑说，这次并购真的让他明白，为什么人们总是说"只有买错的，没有卖错的"。

至于如何保证自己不会犯致命的错误，他的回答出人意料："我努力不犯致命的错误，但我并不能保证。我唯一能保证的是，每一次犯错误之后，能够迅速改正。"

但是真正让他自豪的，是他在阿里巴巴创建的一种制度，或者文化。他能够把每个雄心勃勃的创业伙伴都变成并非不可替代的经理人，并力图使他们为一个理想经冬历夏而不言悔。

那些能令马云疼痛的攻击，目标多是阿里的价值观、道德感。"人家打你两个耳光，你说不痛？我觉得不可能，我肯定要叫的，但是我会试着理解，会慢慢消化，不会拿着刀砍回去，这种愤怒半小时、一小时就过去了，不会持续很长时间。我们吃的亏多了，皮就厚了，抗打击能力强了，要不怎么办？切腹？但这不等于我没有情绪上的反弹，我最怕同事的善意和善心受到伤害。"

阿里执行副主席蔡崇信在接受媒体采访时说起了自己与马云是如何在一起工作的："马云在杭州工作，而我在香港。我们从未在一个地方一起工作过，但我们每天都会通电话。这些年来，我觉得真正行之有效的一点，就是我们能够彼此分享的坦诚态度。我可以批评他，他可以批评我，当然我们不会伤害彼此的感情。这点至关重要。我记得有时与他在电话中据理力争时，会激烈争吵甚至挂他电话。他对我也是一样。但是我们都知道这么做是出于保护公司的利益。"

对于客户，马云也是同样采取着坦诚的态度。马云曾这样说过："有的企业告诉我，我们早就电子商务了。我说你们怎么电子商务法？他说我们租了很多网站，花了很多钱。我说你们网站的名字呢？'名字我不记得了，小赵，名字是什么？'小赵也不知道，（说）这个要查查看。这个也叫电子商务？做一个网页的目的，就是买一套软件，做了一个网站？（这）只是刚刚开始，买了一个工具，买了一个扳手回来，往家里面一放，就做好了？"

马云很坦诚地告诉自己的客户，企业要成长需要做很多工作，电子商务作为一种工具，不是救命稻草，它只是企业发展中运用的一种手段。所以，投多少钱进去要三思而行。有效果就多投，没有效果就少投。而对于为什么没有效果，这也需要多方面思考，是电子商务本身的问题还是企业内部的问题。

马云说道："电子商务不是解决方案，电子商务只是一个工具，你拿回去之后，拿这个工具，自己解决自己的问题，这才是真正的电子商务。电子商务这个工具，跟传真、电话没什么区别，它只不过是把传真、电话、网络、电脑、电视、报纸、媒体结合在一起的工具。用起来还是不错的。所以我想跟大家讲，我们不要把电子商务看得太神秘。"

参考文献

[1] 丹尼尔·戈尔曼.情商:为什么情商比智商更重要[M].杨春晓,译.北京:中信出版社,2010.

[2] 丹尼尔·戈尔曼.情商2:影响你一生的社交商[M].魏平,译.北京:中信出版社,2010.

[3] 丹尼尔·戈尔曼.情商3:影响你一生的工作情商[M].葛文婷,译.北京:中信出版社,2013.

[4] 丹尼尔·戈尔曼.情商4:决定你人生高度的领导情商[M].任彦贺,覃文艳,李瑶,译.北京:中信出版社,2014.

[5] 丹尼尔·戈尔曼.情商实践版[M].杨春晓,译.北京:中信出版社,2012.

[6] 马银文.决定一生的10堂情商课[M].北京:台海出版社,2012.

[7] 文柯.决定一生的情商课白金珍藏版[M].武汉:武汉出版社,2012.

[8] 苏林.全世界最贵的总裁情商课[M].南京:江苏文艺出版社,2013.

[9] 谭春虹.人生必修的情商课[M].北京:中国纺织出版社,2011.

[10] 文成蹊.哈佛职场情商课哈佛智慧点亮一生[M].北京:中国纺织出版社,2011.

[11] 胡佳.360°全方位情商训练[M].北京:地震出版社,2011.

[12] 苏山.哈佛最神奇的8堂情商课[M].北京:中国言实出版社,2012.

[13] 徐宪江.哈佛情商课全集超值珍藏版[M].北京:中国城市出版社,2011.

[14] 牧之,孙良珠.哈佛情商课大全集超值金版[M].北京:企业管理出版社,2010.

[15] 艳明.哈佛情商提升课大全集[M].北京:石油工业出版社,2011.

[16] 文成蹊.应该读点心理学[M].北京:中国工人出版社,2009.

[17] 桓浩然.李开复的18堂职场经营课[M].北京:华夏出版社,2012.

[18] 马晓晗.高情商团队[M].北京:北京大学出版社,2008.

[19] 陈伟.这还是马云[M].杭州:浙江人民出版社,2013.

后　记

纵观那些事业有成的人们，他们往往不在乎自己的学历，玩转社会各种规则，人情练达，世事洞明，在左右逢源中顺利实现自己的奋斗目标，他们有着自己的一套处世心法和心智模式。而这种心智模式正是高情商的体现。他们是名副其实的情商达人。

本书通过对马云这位受年轻人喜爱的创业家、企业家的高情商密码的解剖，来讨论情商是如何成为人生成就的真正主宰。

在本书写作过程中，笔者查阅、参考了大量的文献资料，部分精彩文章未能正确注明来源，希望相关版权拥有者见到本声明后及时与我们联系，我们都将按相关规定支付稿酬。在此，深深表示歉意与感谢。

由于本书字数多，工作量巨大，在写作过程中的资料搜集、查阅、检索得到了我的同事、助理、朋友等人的帮助，在此对他们表示感谢，感谢他们的无私付出与精益求精的精神。